完美新娘
发型设计实例教程
中式篇

程爱容 编著

人民邮电出版社
北京

图书在版编目（C I P）数据

完美新娘发型设计实例教程. 中式篇 / 程爱容编著
. -- 北京 ：人民邮电出版社，2015.5
ISBN 978-7-115-38670-0

Ⅰ．①完⋯ Ⅱ．①程⋯ Ⅲ．①女性－发型－设计－教
材 Ⅳ．①TS974.21

中国版本图书馆CIP数据核字(2015)第051586号

内 容 提 要

本书是一本新娘发型设计的实用教程。书中包括8种基本造型手法和8种饰品制作方法，以及40款旗袍造型、44款秀禾服造型、14款龙凤褂造型和11款汉服造型的实际案例。案例由浅入深，步骤详细，并且附带相应的作品欣赏。本书内容丰富，发型风格多种多样。通过阅读本书，读者不但能掌握发型设计的技术与方法，更能在创作思路上得到启发。

本书适合新娘化妆造型师阅读，同时也可作为相关培训机构的参考教材。

◆ 编　著　程爱容
　 责任编辑　赵　迟
　 责任印制　程彦红
◆ 人民邮电出版社出版发行　　北京市丰台区成寿寺路11号
　 邮编　100164　电子邮件　315@ptpress.com.cn
　 网址　http://www.ptpress.com.cn
　 北京盛通印刷股份有限公司印刷
◆ 开本：889×1194　1/16
　 印张：14.5
　 字数：555 千字　　　　　　　　　2015 年 5 月第 1 版
　 印数：1 – 3 000 册　　　　　　　　2015 年 5 月北京第 1 次印刷

定价：98.00 元
读者服务热线：(010)81055410　印装质量热线：(010)81055316
反盗版热线：(010)81055315
广告经营许可证：京崇工商广字第 0021 号

前言

近几年来，我的创作大部分都是针对新娘的。新娘在婚礼筹备中大多呈现两种趋势：一种是墨守成规式，她们喜欢拿着图片让化妆师照样子打造；还有一种是标新立异式，她们希望自己能够与众不同。这两种我都不是非常认同，我认为造型要与时俱进，但同时要保持新娘自身的特质，突出自身的优势，然后在这个基础上有所变化。我在造型风格、服饰色调和饰品选择上都一直秉持着这个原则，希望能最大限度地展现新娘的美丽。

说到与时俱进，我发现虽然现在很多婚礼越来越西化，但传统的中式婚礼依然受人追捧。特别是近几年随着穿越剧、宫斗剧等古装剧的播出，古装造型已成为了众多新娘出门造型的首选。作为一个中国造型师，我也很希望在设计中加入"中国风"的元素。这个不仅在国内开始流行，在国际上也逐渐被认同。具有中国风的造型也很多变，旗袍、秀禾服、龙凤褂和汉服都能展现东方女性的柔美，在造型上又颇具新意，这也是我创作本书的初衷。

本书中包含一百余款精美的古装造型的教程，根据不同气质的新娘搭配了不同的发型，并以纯手工古装饰品来点缀。书中运用的饰品大多由爱容工作室的团队人员亲手制作，饰品制作也能够激发我们创作发型的灵感。书中每一个实际案例都以详细的步骤图加以展示，并配有文字说明。

走过 20 世纪 30 年代红妆的守旧和古老，跨过 20 世纪 90 年代韩妆的清新和自然，本书中的中式新娘发型集端庄典雅、时尚复古、清新可爱、风情万种于一体，即使你身披白纱、手捧花球，依然可以从中选择合适的发型，做一个中西合璧的完美新娘。现在，我们就打开本书，和爱容一起漫步在这充满古韵风情的殿堂里。

书中的模特均不是专业模特，而是身边的好朋友，在这里要感谢她们友情出镜；还要感谢为本书提供摄影支持的朋友们。感谢生命中有这么多可爱的小伙伴，她们用行动支持和见证我的成长。谢谢！

爱容

2015 年 1 月

▌目录

015
基本造型手法

025
旗袍造型

099
秀禾服造型

177
龙凤褂造型

209
汉服造型

▌案例索引

旗袍造型　　　　026

旗袍造型　　　　027

旗袍造型　　　　028

旗袍造型　　　　029

旗袍造型　　　　030

旗袍造型　　　　031

旗袍造型　　　　032

旗袍造型　　　　033

旗袍造型　　　　034

旗袍造型　　　　035

旗袍造型　　　036

旗袍造型　　　037

旗袍造型　　　038

旗袍造型　　　039

旗袍造型　　　040

旗袍造型　　　041

旗袍造型　　　042

旗袍造型　　　043

旗袍造型　　　044

旗袍造型　　　045

旗袍造型　　　046

旗袍造型　　　047

旗袍造型　　　048

旗袍造型　　　049

旗袍造型　　　050

旗袍造型　　　052

旗袍造型　　　054

旗袍造型　　　056

旗袍造型　　　058

旗袍造型　　　060

旗袍造型　　　062

旗袍造型　　　064

旗袍造型　　　066

旗袍造型　　　068

旗袍造型　　　070

旗袍造型　072

旗袍造型　074

旗袍造型　076

旗袍造型　078

旗袍造型　080

秀禾服造型　100

秀禾服造型　101

秀禾服造型　102

秀禾服造型　103

秀禾服造型　104

秀禾服造型　105

秀禾服造型　106

秀禾服造型　107

秀禾服造型　108

秀禾服造型　109

秀禾服造型　110

秀禾服造型　111

秀禾服造型　112

秀禾服造型　113

秀禾服造型　114

秀禾服造型　115

秀禾服造型　116

秀禾服造型　117

秀禾服造型　118

秀禾服造型　119

秀禾服造型　　　120

秀禾服造型　　　121

秀禾服造型　　　122

秀禾服造型　　　123

秀禾服造型　　　124

秀禾服造型　　　125

秀禾服造型　　　126

秀禾服造型　　　127

秀禾服造型　　　128

秀禾服造型　　　129

秀禾服造型　　　130

秀禾服造型　　　131

秀禾服造型　　　132

秀禾服造型　　　133

秀禾服造型　　　134

秀禾服造型　　　136

秀禾服造型　　　138

秀禾服造型　　　140

秀禾服造型　　　142

秀禾服造型　　　144

秀禾服造型　　　146

秀禾服造型　　　148

秀禾服造型　　　150

秀禾服造型　　　152

龙凤褂造型　　　178

龙凤褂造型　　　179

龙凤褂造型　　　180

龙凤褂造型　　　181

龙凤褂造型　　　182

龙凤褂造型　　　183

龙凤褂造型　　　184

龙凤褂造型　　　186

龙凤褂造型　　　188

龙凤褂造型　　　190

龙凤褂造型　　　192

龙凤褂造型　　　194

龙凤褂造型　　　196

龙凤褂造型　　　198

汉服造型　　　210

汉服造型　　　211

汉服造型　　　212

汉服造型　　　213

汉服造型　　　214

汉服造型　　　215

汉服造型　　　216

汉服造型　　　218

汉服造型　　　220

汉服造型　　　222

BRIDE
HAIRSTYLE

基本造型手法

扎马尾

01 将所有头发向后发区梳理干净。

02 把所有头发梳拢在头顶并用皮筋扎起，高马尾形成。

03 把所有头发梳拢在后发区中部并用皮筋扎起，中马尾形成。

04 把所有头发梳拢在后发区下方并用皮筋扎起，低马尾形成。

手摆波纹

01 在刘海区取两层头发，把第二层头发预留，将最上层的头发摆出圆弧形固定。

02 将第三层头发预留，将第二层头发盖过第一层头发并固定。

03 将第四层的头发预留，将第三层头发盖过第二层头发并固定。

04 将最后一层头发拉成扁圆形，紧贴皮肤作为鬓角固定，喷上啫喱水。

单包

01 将所有头发向后发区梳理干净。

02 将头发整理成片状的发髻，以尖尾梳的尖端为轴心向内扭转。

03 用手指按压发髻的下端，摆放好形状。

04 抽出尖尾梳的尖端，下暗卡固定，单包完成。

双股刘海

01 将头发分为前后两区，用皮筋扎起后发区的头发。

02 将前发区的头发分为两股，做绕发准备。

03 向下绕发，每绕一次就添加一股发束。

04 依次操作至耳侧，将发尾固定于后发区。

三股加一编发

01 将头发分为前后两区，将后发区的头发用皮筋扎起。

02 将前发区刘海分为三股，进行三股编发。

03 在向下编发的过程中，每编一股就从左侧添加一股发束。

04 编到耳侧时改编三股辫，编至发尾。

两股绕发

01 将头发向后梳理干净，取一股发束，一分为二。

02 用左侧发束压过右侧发束，绕一次就从左侧添加一股发束。

03 依次添加同等发量的发束，绕发至发尾。

04 继续添加头发并绕发，至编发完成。

双股发髻

01 将所有头发向后梳理干净顺滑。

02 将头发一分为二并交叉，准备做两股绕发。

03 将头发进行两股绕发至发尾。

04 将编好的头发绕成发髻并固定。

三股加二编发

01 将头发向后梳理干净，从前发区取一股头发，准备做三股编发。

02 分别从左右两侧添加同等发量的头发，进行三股加二编发。

03 编发至后发际线处，收干净所有头发。

04 在后发际线处改编三股辫，编至发尾。

额饰制作

01 准备材料：五齿发梳、双层蝴蝶、金色铜丝线。

02 取一小段金色铜线，穿过蝴蝶的孔隙，拉紧铜线并环绕固定在五齿梳上。

03 准备材料：金色链接圈、细链条、金色平针、红色水滴形水晶。

04 用尖嘴钳通过链接圈将一小段细链条固定在蝴蝶的镂空处。

05 用金色平针穿过水晶，用尖嘴钳夹成圆圈状，固定在链条中部，注意对称性。

头冠制作

01 准备材料：大花片、金色铜线。

02 用铜线穿过大花片的空隙，将其一片片连起并固定。

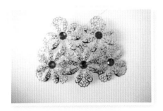

03 将花片做出上窄下宽的形状，再角对角固定。

04 再加两个一样的花片，增加饰品的宽度。

05 准备材料：红色盘扣。

06 将大盘扣用胶枪固定在花片上，只粘前端，后端悬空，使饰品有立体感。

07 在平面的头冠上面加双层蝴蝶，增加立体感。

08 准备材料：红色流苏、针线。

09 将红色流苏固定在盘扣下方。

发钗制作 1

01 准备材料：金色铜线、十齿发梳、双层蝴蝶。

02 用铜线穿过双层蝴蝶的孔隙，在齿梳上缠绕并固定，只固定双层蝴蝶的底层。

03 依次将双层蝴蝶全部固定在齿梳上，注意蝴蝶的位置和排列。

04 准备材料：9字针、细链条、红色小水晶。

05 将链条对折，在铜线上穿过后固定，扭紧接口，把余线剪掉。

06 用9字针穿过水晶，用尖嘴钳夹掉太长的位置，再卷成圆圈状，固定在链条尾端。在链条中部错落有致地固定几颗水晶，作为点缀。

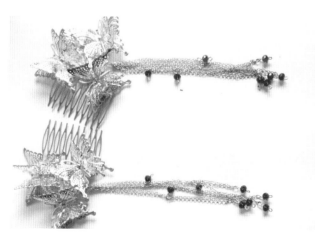

发钗制作 2

01 准备材料：十齿梳、双层蝴蝶、小蝴蝶、金色铜线、景泰蓝珠子。

02 用铜线在齿梳上缠绕固定，并穿过双层蝴蝶的孔隙。预留一定的长度，将两根铜线扭成麻花状。

03 依次将大蝴蝶全部固定上在齿梳上，要固定得错落有致。

04 取两只小的蝴蝶，填补在空隙处，让整个发钗有层次感。

05 小蝴蝶还起到了遮挡连接处的作用，让整个饰品更加美观。

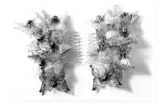

06 发钗制作完成。

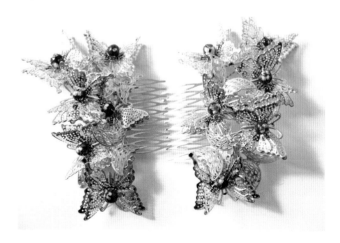

耳环制作

01 准备材料：耳钩、花片、9字针、景泰蓝珠子。

02 用尖嘴钳把耳钩的圆圈口打开，再把花片挂进去，夹紧接口。

03 用9字针穿过景泰蓝珠子，剪掉多余的长度，顺着尖嘴钳的弧度弯成圆形。

04 将成型的坠子挂到花片的镂空处。

簪子制作 1

01 准备材料：金色铜线、U形钉、两片形状不同的花片。

02 将内片花片摆好位置，用铜线缠绕并固定。

03 准备材料：双层蝴蝶、小蝴蝶、景泰蓝珠子。

04 将珠子用铜线固定在蝴蝶上。

05 将小蝴蝶用胶枪粘贴在小花片上面。

06 用胶枪多挤点胶水，把大蝴蝶也固定住，蝴蝶无需摆列得太整齐。

07 用同样的方法再做一支簪子。

08 准备材料：9字针、景泰蓝珠子。在蝴蝶上挂一颗珠子，使整个发簪更加灵动。

簪子制作 2

01 准备材料：小蝴蝶、双层蝴蝶、U 形钗、铜线。

02 用铜线穿过双层蝴蝶的镂空处，反复缠绕并固定在发钗上。

03 将铜线从大蝴蝶中部穿出，然后穿过小蝴蝶的孔隙。预留一定的长度后，将两根铜线扭成麻花状。铜线应该只穿过双层蝴蝶的最下层，这样的蝴蝶才不会成片状，而是可以活动的。

04 调整好各部分位置和形状，制作完成。

簪子制作 3

01 准备材料：金色铜线、大花片、立体花片、U 形钗。

02 用铜线反复缠绕大花片并将其固定在 U 形钗上面。

03 用铜线穿过立体花片的底层镂空处，将其固定。不要穿过立体花片的最上层，否则铜线暴露在外，会影响美观度。

04 成型的发钗颜色太过单一，加上景泰蓝珠子的点缀则会显得生动。

BRIDE
HAIRSTYLE

旗袍造型

01 将头发前后分区，将顶发区的头发打毛，使其蓬松。

02 将后发区的所有头发扎成一个低马尾。

03 取出马尾中的一部分头发，将其打毛。

04 将打毛的头发顺着原来的卷度自然摆放，然后固定。

 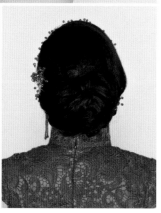

 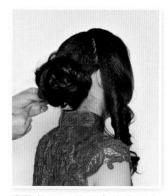

05 以同样的手法再从马尾中分出一部分头发并固定好。

06 将马尾的所有头发固定好，对其形状进行调整。

▌风格定位
① 甜美 ② 温柔 ③ 纯真

▌所用手法
① 打毛 ② 扎马尾 ③ 两股绕发

▌造型重点
蕾丝花边的旗袍总能将女性温柔的气息展现无遗，造型则要与服饰协调统一，以展现新娘的柔美纯真。

07 将刘海区的头发梳光，拉至耳后，进行两股绕发。

08 在后发区将发尾摆好形状并固定。

01 将所有头发用玉米须夹板烫蓬松，着重处理左侧刘海。

02 将头发分为刘海区和前后区，将后发区的头发收起。

03 用发梳将尾端向内卷。

04 将内卷的头发固定，做成高位的单包发髻。

05 将单包发髻的发尾收起。

06 将左侧刘海区和前发区的头发打毛，使其蓬松。

▌风格定位
① 端庄　② 大气　③ 成熟

▌所用手法
① 打毛　② 包发

▌造型重点
运用简单的包发即可打造新娘的端庄大气之美，令乖巧的邻家女孩也能有成熟的韵味。

07 将打毛的头发均匀地覆盖在单包发髻上。

08 将发尾收进发束内侧，造型完成。

01 将刘海区中分，固定右侧刘海区的头发。

02 将右侧刘海区的头发整理出需要的弧形，用定位夹固定在后发区。

03 把左侧刘海区的头发有弧度地固定到后发区。

04 将右侧耳后方的头发也用相同的方法向后发区扭转并固定。

▌风格定位
① 典雅　② 含蓄　③ 优美

▌所用手法
扭转

▌造型重点
精致的蕾丝花片能够展现东方新娘的典雅、含蓄和优美，故而一直是最具人气的新娘装饰物。整个造型搭配蕾丝花片，使新娘更具有特别的优雅女人味。

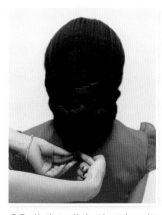

05 把后发区的头发均匀地分成几束，然后有弧度地用发卡固定在后发区。

06 将发尾收起并固定，佩戴饰品。

01 将头发前后分区，将后发区的头发用皮筋扎成马尾。

02 把马尾分成两份，将上面的一份向内卷起，形成干净的花苞。

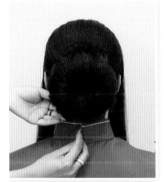

03 以同样的方法整理剩余的头发，使花苞干净、有弧度。

04 把刘海向后有弧度地固定在花苞两侧。

05 取一根较粗的假发辫，沿着花苞缠绕。

06 将发辫收尾，将其隐藏后固定。

■ 风格定位
① 端庄　② 温婉　③ 恬静

■ 所用手法
① 扎马尾　② 做花苞　③ 假发运用

■ 造型重点
中分的刘海容易使新娘的整体气质变得成熟，在融入花苞和编发元素后，端庄温婉的形象便呈现了出来。

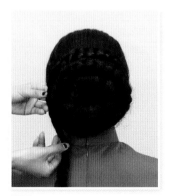

07 再固定一根假发辫，使造型更加饱满。

08 整理发型的整体轮廓，佩戴饰品。

01 将上半部分的头发用玉米须夹板烫蓬松，将下半部分的头发用卷发棒烫卷。将刘海偏分。

02 将右侧刘海区的头发进行三股编发。

03 将左侧刘海区的头发也进行三股编发。

04 将两股发辫分别编至发尾。

▌风格定位
① 温婉　② 俏皮

▌所用手法
① 绕发　② 编发

▌造型重点
这款造型的点睛之笔是红色的耳环，衬得新娘格外水灵动人。

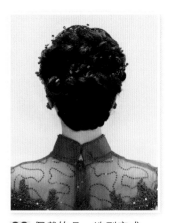

05 将剩余的头发进行三股编发，向上收尾并固定。

06 佩戴饰品，造型完成。

01 将上半部分的头发用玉米须夹板烫蓬松，将下半部分的头发用卷发棒烫卷。将刘海偏分。

02 将头发分为前后两区，再将前区右侧的头发进行三股编发。

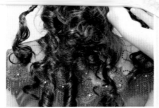

03 将后发区中间部分的头发做绕发处理并固定。

04 取右侧一股头发，进行绕发处理。

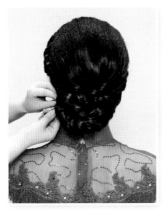

05 将右侧绕发的发尾与左侧的头发结合在一起绕发。

06 按同样的方法重复绕发，直到将所有头发盘起。

▌风格定位
① 端庄　　② 娴雅

▌所用手法
① 三股编发　　② 绕发

▌造型重点
在简单干净的发髻上佩戴两支栩栩如生的蝴蝶饰品，更增添了新娘秀气灵动的气质。

01 将烫卷后的头发偏分，将右侧刘海翻卷并固定。

02 将右侧的刘海做手推波纹处理。

03 将左侧的头发梳光，固定于右侧头顶。

04 将中下段的头发做两股绕发，固定于右侧耳际处。

05 将剩余的头发一分为二，将其中一份进行两股绕发。

06 将另一份头发以同样的手法绕发。

▋风格定位

① 别致　② 温婉　③ 古典

▋所用手法

① 手推波纹　② 两股绕发

▋造型重点

此款造型演绎了完美的复古风尚，却又比普通的古典造型别致、新颖、耐看。

07 将发尾固定在发髻下侧。

08 调整发型弧度，摘掉定位夹，造型完成。

01 将所有头发用玉米须夹板烫蓬松,再用卷发棒烫卷。

02 将头发分为前后两区,将右侧的刘海用定位夹固定。

03 用右侧刘海微微盖住耳朵,从耳际后下方开始进行两股绕发。

04 将绕发固定于脑后。

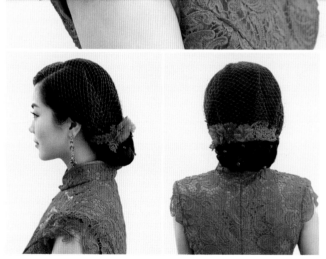

05 将剩余的头发同样绕发并固定。

06 调整发型的弧度,造型完成。

┃ **风格定位**
① 温婉　② 恬静

┃ **所用手法**
① 两股绕发　② 打卷

┃ **造型重点**
红色的网纱头饰让原本清新的新娘多了一分柔美。

┃风格定位

① 大气 　② 妩媚 　③ 性感

┃所用手法

① 两股绕发 　② 盘发

┃造型重点

红色大花朵发饰搭配网纱，绝对吸引眼球。大气的发型，妩媚的眼神，让新娘成为全场的焦点。

01 将所有头发用玉米须夹板烫蓬松，再用卷发棒烫卷。

02 将头发分为前后两区，将右侧的刘海用定位夹固定。

03 用右侧刘海微微盖住耳朵，从耳际后下方开始进行两股绕发。

04 将头发用皮筋扎起。

05 将扎起的发束进行两股绕发。

06 将头发盘起。

07 固定发髻。

08 佩戴饰品，造型完成。

01 将烫卷后的头发偏分，将右侧的刘海翻卷并固定。

02 将左侧的刘海进行两股绕发。

03 两股绕发至发尾。

04 用皮筋扎住发尾。

05 将右侧的刘海从耳际后方进行两股绕发。

06 将左侧的发辫向上摆出造型并固定。

07 右侧以同样的方法操作。

08 佩戴饰品，造型完成。

▍**风格定位**
① 端庄　② 淑媛

▍**所用手法**
两股绕发

▍**造型重点**
这款发型的重点在于突出新娘自身的气质，使其有种知性的淑媛范儿。

 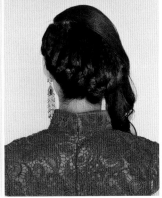

▋风格定位
① 淑媛　② 妩媚　③ 柔美

▋所用手法
① 烫卷　② 三股加二编发　③ 打毛

▋造型重点
自然的卷发就可以打造出简约的发型，关键是前期的发卷要做得漂亮。

01 将头发烫卷后侧分，将左侧的头发向后进行三股加二编发。

02 从侧面不断加发，编到另一侧的后发区。

03 将编好的三股辫绕成发髻，固定在后发区。

04 将刘海区的头发打毛，使其蓬松，不要破坏原有的弧度。

05 将烫卷的头发摆放出纹理和弧度。

06 造型完成。

01 将所有头发梳光后扎成高马尾。

02 在马尾的尾部用皮筋扎住，将余发卷进去。

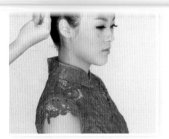 

03 将马尾从尾部往固定点卷起并固定。

04 调整卷好的发包的外围轮廓。

▌风格定位
① 高贵　② 典雅　③ 大气

▌所用手法
① 扎马尾　② 包发

▌造型重点
这是一款复古的大盘发，能让新娘轻松成为古典美人。因为盘发已十分抢眼，发饰方面以简约典雅为佳。

05 佩戴饰品，造型完成。

▌风格定位
① 娴雅　② 温婉　③ 简单

▌所用手法
① 卷发　② 编发　③ 收纹理

▌造型重点
新娘曼妙的身材把改良式旗袍诠释得端庄大气，大红色的网纱礼帽更添女人的娇媚，将人们带回了 20 世纪 70 年代。

01 将烫好的头发打散，做出蓬松的形状，喷发胶定型。

02 取前发区左侧的头发，编三股加二辫，注意不要收得太紧。

03 将编发收至发尾，用皮筋固定。

04 将前发区右侧的头发编三股加一辫，注意不要收得太紧。

05 将编发收至发尾。

06 将发尾收干净，整理形状，戴上饰品。

01 取一部分头发，理顺后进行双股拧发。

02 从根部一直拧到尾部，绕成发髻并固定，注意隐藏发卡。

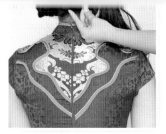

03 将第二部分头发也以同样的方法处理，后发区位置的头发不要拉得太紧。

04 依次将后发区的头发拧成发髻，排好位置并固定，注意隐藏分区线。

▌风格定位
① 古典　② 温婉　③ 端庄　④ 淑媛

▌所用手法
两股绕发

▌造型重点
造型独特的花苞式发髻宛若盛开的牡丹，让娴静如水的新娘多了一种华贵的气息。

05 拧转并摆放刘海区最后一部分头发，将其排列紧凑，但不要过于紧密。

06 将刘海做出适当的弧度，在耳部往外翻并将发尾固定在发髻位置。

▌风格定位

① 端庄　② 古典　③ 高贵　④ 典雅

▌所用手法

① 打毛　② 手推波纹

▌造型重点

手推波纹虽然有复古的年代感，但如果搭配清秀怡人的珍珠饰品，则会让新娘拥有别样的古典韵味。在波纹上点缀珍珠发簪可以打造出古典而高贵的情态。

 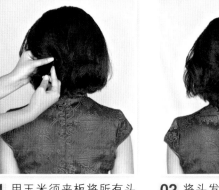

01 用玉米须夹板将所有头发烫蓬松，将其偏分。

02 将头发分为前后两区，固定部分后发区的头发，不能破坏发型外轮廓的圆润感。

03 从前发区取出一片发片，贴着头皮打卷后固定。

04 将第二片发片固定，注意压住第一片发片。

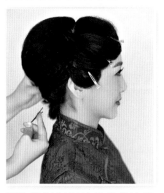 

05 将刘海区的头发依次做手推波纹，然后将余发和后发区的头发有纹理地固定。

06 将刘海区左侧的余发沿着后发区的轮廓固定。

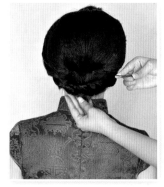 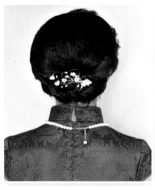

07 将刘海区的发尾以绕发的手法交叉固定。

08 佩戴饰品，造型完成。

01 从刘海区开始以三股加一的形式编发到后发区。

02 以同样的方法处理另外一边的头发。

03 将两侧编好的发辫收于所有头发的后下方。

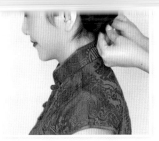

04 将发梢向内藏起来。

05 将假发片固定在发髻上方，分成两股绕发。

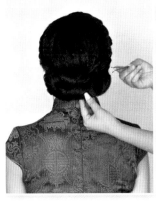

06 将拧好的假发片有形地固定好，注意纹理和形状，造型完成。

▌风格定位
① 娴雅　② 贤惠　③ 亲和　④ 柔美

▌所用手法
① 三股加一编发　② 两股绕发

▌造型重点
这款发型虽然采用低发髻的形式，但并不显老气。关键是前发区的编发提升了亲和感，假发髻要做得有层次感和轮廓感。彩钻和金属质地的蝴蝶结头饰为新娘造型平添了几分柔美特质。

01 将处理得蓬松的头发前后分区，将前发区的头发进行三股编发。

02 分别从左右耳际处各取一股头发，加入之前的编发，继续进行三股编发。

03 依上述手法编发至发尾。

04 将发尾向内扣卷，用皮筋扎起。

▌风格定位

① 端庄　② 娴雅

▌所用手法

三股编发

▌造型重点

此款发型经常用于搭配白纱，而运用在中式旗袍造型中可配以金色发饰，别有一番韵味。

05 调整发型的弧度，使整个发型饱满圆润。

06 佩戴饰品，造型完成。

01 将所有的头发梳理干净，并用玉米须夹板烫蓬松，使其利于造型。

02 将头发分区，把刘海区分出，然后将剩余的头发用皮筋扎起。

03 将马尾的头发均匀分成几片，以打卷的方法整理，并将发片用发卡固定。

04 依次将发片用打卷的方法向内固定。

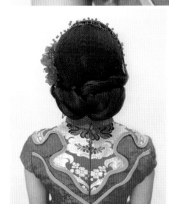

05 整理剩余的发尾并固定。整理后发区的头发，保证其线条的流畅和造型的饱满。

06 将刘海区的头发有弧度地固定在后发区，整体造型完成。

▎**风格定位**
① 温柔　② 精巧　③ 细腻

▎**所用手法**
① 扎马尾　② 打卷

▎**造型重点**
将打卷后的头发干净有序地排列出造型，蕾丝花饰的精巧细腻能将女性温柔的气息展现无遗。用蕾丝花饰装饰后的发型别有一番风情。

01 将处理得蓬松的头发分成左右两份。

02 将右侧的头发均匀分成三份，进行三股加二编发。

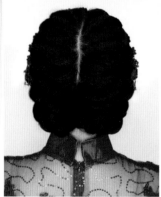

03 编至发尾后用皮筋扎起。

04 左侧用同样的方法编发。

▌风格定位
① 优美　② 温婉　③ 恬静

▌所用手法
三股加二编发

▌造型重点
这是一款左右两边对称的编发造型，编发的自然纹理呈现出新娘温婉的气质。

05 将右侧的发辫向内打卷，处理好形状并固定。

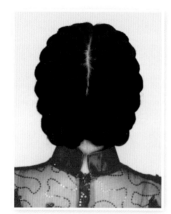

06 左侧也用同样的方法固定。整理好整体造型轮廓，最后佩戴饰品。

01 先把所有头发理顺并用玉米须夹板烫蓬松。

02 将刘海区分出，从右边开始将顶发区的头发进行三股加一编发。

03 以加发编发的方法将后发区的头发也编进发辫中。

04 有序地将后发区的头发编完，注意变换方向。

▌**风格定位**
① 甜美   ② 温柔   ③ 乖巧

▌**所用手法**
三股加一编发

▌**造型重点**
以加发的方式将发辫编成 S 形，别致而新颖，配合齐刘海和鬓发，为整个造型营造出温柔、甜美的感觉。

05 将编好的发尾用皮筋扎牢，最好不要有毛发露出。

06 将扎好的发尾反折，缠绕并固定。

01 将所有头发用玉米须夹板烫蓬松并偏分。

02 将右侧的刘海进行三股加一编发。

03 取刘海后侧一股头发，进行三股加一编发。

04 将后发区剩余的头发用皮筋扎起。

05 从扎起的发束中取一股头发，扭转并固定。

06 继续取发束中的头发，扭转并固定。

■ 风格定位
① 优雅　② 古典　③ 妩媚

■ 所用手法
① 三股加一编发　② 打卷

■ 造型重点
别出心裁的侧发髻卷出了女人浓浓的妩媚，古典的编发刘海又散发出一丝迷人的气息。

07 将后排的刘海发辫缠绕在发髻上。

08 将前排的刘海发辫绕过后排发辫，固定在发髻上。

01 将除刘海部分的所有头发用玉米须夹板烫蓬松。

02 将处理过的头发用皮筋扎起。

03 将扎起的发束上下分开，将上面一股向上翻卷并固定。

04 从剩下的发束中取一股头发，以同样的方式操作。

05 从左下侧取一股头发，向上翻卷并固定。

06 从右下侧取一股头发，以同样的方式操作。

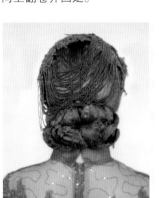

07 佩戴饰品，造型完成。

▊ 风格定位
① 精致　　② 娴雅　　③ 妩媚

▊ 所用手法
① 扎发　　② 卷筒

▊ 造型重点
低挽的发髻优雅而端庄，大片的红色蕾丝包裹不住新娘的万种风情。

01 将头发整理好，烫出筒卷，要烫到根部，不要弄乱。

02 取前发区的头发，做打毛处理。

03 取后发区一半头发，将卷发打散，编三股辫。

04 将另一边的卷发打散，编三股辫。

05 将左侧的三股辫拉松，从后往前固定。

06 将另一边的卷发以同样的方法处理。

07 将固定好的头发调整好形状。

08 佩戴饰品，造型完成。

▌风格定位

① 简约　② 甜美

▌所用手法

① 三股编发　② 烫纹理

▌造型重点

这款发型注重头发的打散和抽丝处理。松散的三股辫透露着慵懒甜美的感觉，零碎的花饰点缀在发丝间，更有一番俏丽韵味。

01 将头发整理好，烫出筒卷，要烫到根部，不要弄乱。

02 取前发区的头发，做打毛处理。

03 取后发区一半头发，将卷发打散，编三股辫。

04 将另一边的卷发打散，编三股辫。

05 将编好的三股辫调整好形状，固定在后发区。

06 佩戴饰品，造型完成。

▌风格定位
① 俏皮　② 甜美　③ 可爱

▌所用手法
① 三股编发　② 烫纹理

▌造型重点
此款造型中，头发的纹理很重要，应随意而不失优雅。松散的三股辫给人亲近的俏皮感，丝带蝴蝶结加上红色的果实，更添甜美与可爱。

BRIDE
HAIRSTYLE

▌风格定位

① 乖巧　② 温婉　③ 恬静

▌所用手法

① 三股编发　② 包发

▌造型重点

普通的刘海加上精致的双重编发，体现出新娘的优雅和温婉，星星点点的饰品点
缀更令气质加分。

01 将所有头发用玉米须夹板烫蓬松。

02 将头发分为前后两区。

03 将后发区的头发用皮筋扎成马尾。

04 将扎起的发束一分为二，用皮筋扎住上面一股。

05 将上面的一股头发向上翻卷至第一根皮筋的位置。

06 将头发扎好并拉开，使其呈圆弧状。

07 将下面一股头发扎起，将发梢捋进皮筋里面。

08 将扎好的头发向上翻卷至第一个弧形发包下方，将其固定。

09 将下面的发包拉开，使其两边包在第一个弧形发包两侧。

10 取前发区左侧的两股头发，分别进行三股编发。

11 将前发区的两股余发连同两股发辫一起卷起，固定在后发区发髻上方。右侧以同样的方法操作。

12 将编发的发尾固定，造型完成。

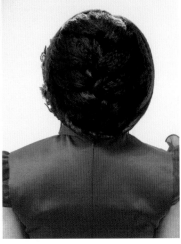

▎风格定位
① 淑媛　② 温婉　③ 恬静

▎所用手法
① 三股加二编发　② 两股绕发

▎造型重点
此款发型将前发区偏分，在后发区打造挽起的发髻，点缀一片蕾丝花片，使新娘
呈现出温婉恬静的感觉。

01 将所有头发用玉米须夹板烫蓬松。

02 将头发前后分区。

03 将后发区的头发进行三股加二编发。

04 编到后发际线处改编三股辫，编至发尾，用皮筋扎住。

05 将发尾朝里弯曲并固定。

06 将前发区右侧的头发打毛，使其更加蓬松。

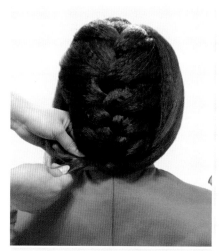

07 将前发区右侧的头发拉至后发区左下方，收尾并固定。

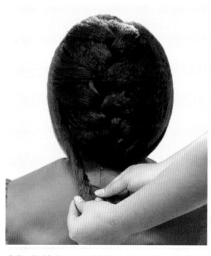

08 将前发区左侧的头发打毛，向后做两股绕发。

09 将前发区左侧的头发拉至后发区右下方，收尾并固定。

BRIDE
HAIRSTYLE

▌风格定位
① 温和　② 别致　③ 淑媛　④ 妩媚

▌所用手法
① 三股编发　② 打毛

▌造型重点
此款造型的刘海采用两条发辫的形式，搭配大眼网纱和花朵发饰，别致精巧又不乏女性的妩媚情怀。

01 将所有头发用玉米须夹板烫蓬松并偏分。

02 将左侧刘海进行三股加一编发。

03 编到耳侧时改编三股辫，编发至发尾并固定。

04 在左侧刘海的后方分出等量的发片，进行三股加一编发，编到耳侧时改编三股辫，编发至发尾并固定。

05 将后发区头顶部位的头发打毛，使其蓬松。

06 将左侧两股编好的发辫绕于后发区部位并固定。

07 将右侧刘海进行三股编发，然后绕到后发区。

08 将右侧刘海编发的发尾压过左侧两条编发的发尾并固定。从左侧耳后方取一股头发，进行三股编发。

09 编发时从左向右提拉。

10 将三股辫编至发尾，固定在右侧耳际后。

11 将后发区右侧的头发向左进行三股编发。

12 将发尾固定在后发区左侧。调整各条发辫，使弧度圆润、协调。造型完成。

BRIDE
HAIRSTYLE

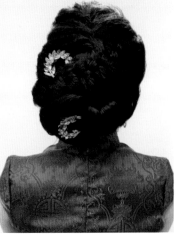

▌风格定位
① 妩媚　② 典雅　③ 成熟

▌所用手法
① 编发　② 打卷

▌造型重点
此款造型采用了不同的编发方式，使新娘正面看起来端庄大气，背面看起来妩媚
柔情。

01 将所有头发用玉米须夹板烫蓬松，将刘海区的头发打毛。

02 将刘海做简单的三股编发处理。

03 将发辫在头顶固定。

04 用发卡将刘海编发在头顶位置固定出蓬松隆起的效果。

05 将右侧的头发进行三股加一编发。

06 编发至发尾，使其呈倾斜弧度，用发卡衔接顶端的编发与右侧的编发。

07 将右侧编发的发尾藏于发束中。

08 从左侧取一束头发，卷曲并固定。

09 将左侧剩余的发束依次收起，使之干净有序却不乏层次感。

BRIDE
HAIRSTYLE

▌风格定位

① 轻盈　② 明丽　③ 古典　④ 迷人

▌所用手法

三股加二编发

▌造型重点

金属质地的蝴蝶结头饰为新娘造型平添了几分活泼的特质，让新婚的喜悦在空气中弥漫。

01 将所有头发用玉米须夹板烫蓬松并偏分。

02 将右侧的刘海进行三股加二编发。

03 将编好的第一条发辫用发卡固定。

04 从左侧刘海后分出一股头发，进行三股加二编发。

05 从第二条发辫后再分出一股头发，进行三股加二编发。

06 用发卡将编好的第二条、第三条发辫结合在一起。

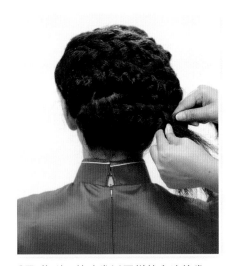

07 将剩下的头发以同样的方法编发。

08 将最后一条发辫与第三条发辫结合，遮盖发辫与发辫之间的头皮。

09 将编好的四条发辫摆出形状，收于右下侧并固定。

BRIDE
HAIRSTYLE

▌风格定位
① 别致　② 梦幻

▌所用手法
① 打毛　② 拧发

▌造型重点
在充满浪漫色彩的羽毛发片的装饰下，富有雕塑感的发型设计多了几分怀旧情怀，
让新娘在一颦一笑间透露出古典意韵。

01 将除刘海部分的所有头发用玉米须夹板烫蓬松。

02 将刘海向右侧梳理平整，用定位夹固定。将顶发区的头发打毛，使其蓬松。

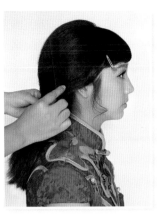

03 拢起左右两侧鬓角处的头发，用梳子将其梳理顺滑。

04 将两侧的头发拧转后提拉至后发区部位。

05 用发卡将两侧的头发在后发区固定。

06 取散开的中上层头发，用皮筋扎在2/3处。

07 将扎起的发束向上翻卷并固定。

08 取左耳际下方一股头发，向上翻卷并固定在之前的发卷上。

09 从下方取一束头发，向上翻卷并固定。

10 将左下侧的头发依次收起，包于发髻外侧。

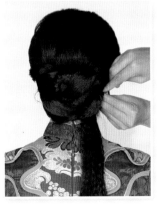

11 将右下侧的头发依次收起，包于发髻外侧。

12 调整发髻的弧度和轮廓，造型完成。

BRIDE
HAIRSTYLE

■ 风格定位

① 古典　② 娇俏　③ 迷人

■ 所用手法

两股加一编发

■ 造型重点

此款发型以左右对称的两股加一编发盘出精美的低发髻。根据新娘出挑的发色，在发髻上点缀红色蝴蝶结，清新明快。

01 将除刘海部分的所有头发用玉米须夹板烫蓬松。

02 从右侧取一股头发，进行两股加一编发。

03 将编好的发辫固定于脑后。

04 取左侧一股头发，进行两股加一编发并固定。

05 继续从右侧取头发，进行两股加一编发。

06 继续从左侧取头发，进行两股加一编发。

07 以同样的方式向下编发。

08 依次以同样的方法编发，直到发尾。

09 用皮筋扎起发尾。

10 将扎起的发尾向里卷，藏于发辫内，造型完成。

BRIDE
HAIRSTYLE

■ 风格定位
① 甜美　② 优雅　③ 淑媛

■ 所用手法
① 打毛　② 扎发

■ 造型重点
此款造型采用清新自然的刘海，后发区网状的结构是亮点。无需过多装饰，新娘甜美的气质便一展无遗。

01 将除刘海部分的所有头发用玉米须夹板烫蓬松。

02 将中间一股头发打毛，使其蓬松，将其扎起。

03 从左侧和右侧各取一股头发并打毛，使其蓬松，分别将其扎起。

04 从左侧和中间扎起的头发各取一半，合并在一起，用皮筋固定。

05 从右侧和中间扎起的头发中各取一半，合并在一起，用皮筋固定。再从左侧取一股头发，将其扎起。

06 以同样的方法依次向下编发网。

07 分别在左右两侧收尾。

08 将两侧的发尾连同中间的发尾合并在一起固定。

09 将整个发网从底端 1/3 处向内卷起并固定，造型完成。

■ 风格定位
① 温婉　② 妩媚　③ 迷人

■ 所用手法
① 打毛　② 打卷

■ 造型重点
有纹理的斜刘海配以层次感丰富的打卷发髻，只需以简单的饰品点缀就能让新娘
魅力非凡。

01 将除刘海部分的所有头发用玉米须夹板烫蓬松。

02 从左侧取一股头发，将其打毛，使其蓬松。

03 将打毛后的头发固定。从下方再取一股头发，以同样的方式操作。

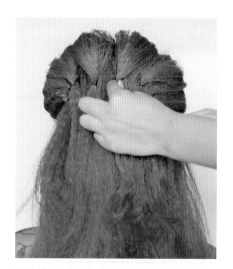

04 从左到右依次以同样的方法操作。

05 将右侧固定的发束的下半部分向上卷起并固定。

06 将左侧固定的发束的下半部分向上卷起并固定。

07 将左右两侧的头发依次以同样的方式卷起并固定。

08 将后发区剩余的头发依次向上卷起并固定，将发卷整理出饱满的弧度。

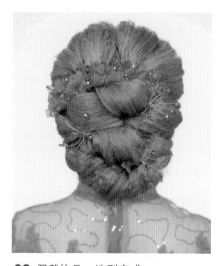

09 佩戴饰品，造型完成。

BRIDE
HAIRSTYLE

■ 风格定位
① 高贵　② 成熟　③ 典雅

■ 所用手法
① 编发　② 打毛　③ 打卷

■ 造型重点
圆润饱满而富有立体感的发髻带有些许复古的宫廷风格，古典中不乏时尚，展现了东方女性的妩媚。

01 将除刘海部分的所有头发用玉米须夹板烫蓬松。

02 将头发分为前后两区，将前发区的头发进行三股加一编发，编到耳侧时改为编三股辫。

03 将编好的发尾覆盖在前后发区的分界线处。

04 将左侧的头发进行三股加一编发，编到耳侧时改为编三股辫。将后发区顶部的头发打毛，使其蓬松饱满。

05 将打毛后的头发向左翻卷，并将发尾固定在左侧耳后方。

06 将左侧的发辫向后提拉，盖住翻卷的头发固定的位置，将发尾固定。

07 将后发区右侧的头发向上翻卷，固定后将发尾再次向左侧翻卷。

08 将后发区左侧的头发向外侧翻卷并固定。

09 将剩余的头发打毛，使其蓬松，然后向上翻卷并固定。

BRIDE
HAIRSTYLE

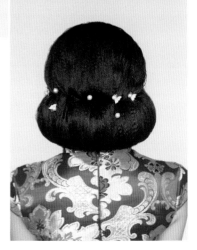

▌风格定位
① 复古　② 别致　③ 典雅

▌所用手法
① 打毛　② 卷筒

▌造型重点
蓬松而对称的发髻造型展现了新娘的典雅气质。搭配小珍珠发饰和珍珠发带，整个造型散发出淡淡的古典韵味。

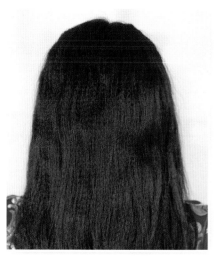

01 将所有头发用玉米须夹板烫蓬松。

02 将顶发区和两侧发区的头发依次进行打毛处理。

03 将头发整理出轮廓，用大号定位夹定位。

04 依次将头发横向定位，注意发型的蓬松度。

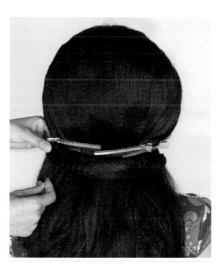

05 在定位的凹槽部位横向放置假发条并固定。

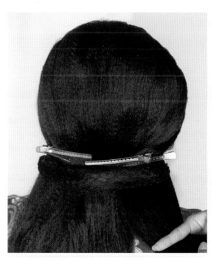

06 将剩余的头发分为三份，取出其中一份头发。

07 从发尾开始以卷筒的方式处理，覆盖过假发条，在定位夹上方固定。

08 将其他两部分头发以同样的方法处理，注意发片和发片之间的衔接。

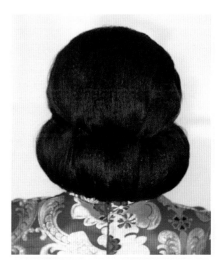

09 待所有头发固定牢后，取出定位夹，最后进行整体的细节调整。

BRIDE
HAIRSTYLE

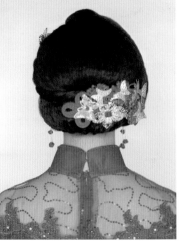

▌风格定位

① 精致　② 典雅　③ 妩媚

▌所用手法

① 卷筒　② 两股绕发

▌造型重点

侧分的厚重刘海遮盖住新娘的半边脸颊，起到了修颜的作用。红色与金色相间的发饰将发型衬托得更加精致，令新娘妩媚迷人。

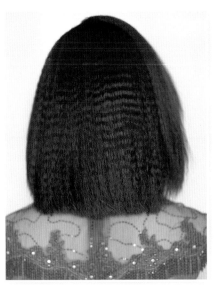

01 将所有头发用玉米须夹板烫蓬松。

02 将头发前后分区，取后发区的上层头发。

03 将后发区的上层头发用皮筋固定。

04 将发尾向上推，使其呈圆弧状并固定。

05 将后片区下层的头发以同样的方法用皮筋固定。

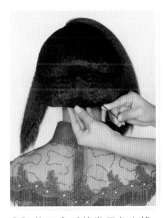

06 将固定后的发尾向上推，使其呈圆弧状并固定。

07 将左侧头发分为两股，将其中一股做两股绕发并固定在后发区的两个发包之间。

08 将左侧分出的另一股头发扭转后固定于整个发型左下侧。

09 将前发区右侧的头发向下做两股绕发，边绕边整理出刘海形状。

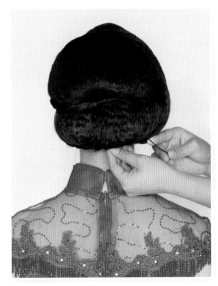

10 将发尾收于后片区下层发包的内部，造型完成。

BRIDE
HAIRSTYLE

▌**风格定位**

① 娇俏　② 甜美　③精致

▌**所用手法**

① 三股加一编发　② 三股编发

▌**造型重点**

不同方向的编发可以使整个造型的纹理更加清晰，华丽的蝴蝶金属头饰将新娘衬托得娇俏甜美。

01 将所有头发用玉米须夹板烫蓬松，将顶发区的头发从左向右斜向编三股加一辫。

02 将发辫编至发尾。

03 将发辫在右侧对折，向左侧提拉，将发尾固定在编发的起点位置。

04 将后发区剩余的头发从右向左编三股加一辫。

05 将两条发辫用发卡固定在一起。

06 将左侧刘海区的头发进行三股加一编发，编至耳侧时改为编三股辫。

07 将发尾固定在后发区两条发辫中间。

08 从刘海区右侧分出一股头发，向左进行三股加一编发。

09 编至耳侧时改为编三股辫，将编好的发辫向后提拉，固定在后发区。

10 将刘海区剩余的头发进行三股加一编发。

11 编至耳侧时改为编三股辫，将发尾在后发区底端固定，造型完成。

BRIDE
HAIRSTYLE

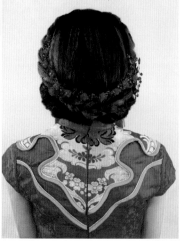

▌风格定位

① 甜美　　② 温婉　　③ 娴静

▌所用手法

① 手推卷筒　　② 两股绕发

▌造型重点

此款造型采用完全对称的形式，正面简洁干净，却具有纹理感。后发区的饰品根据发髻的走向佩戴，弧度饱满圆润，将新娘衬托得典雅大方。

01 将所有头发用玉米须夹板烫蓬松，使其看起来饱满。

02 将头发分为前后两区，再将前发区的头发中分。

03 将后发区上半部分的头发捋顺。

04 将捋顺的头发在中间偏下的位置用皮筋扎起。

05 将扎起的头发往上推，使头发拱起，用发卡固定。

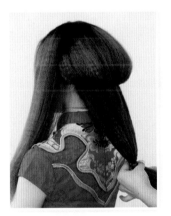

06 将后发区剩余的头发在尾部用皮筋扎起。

07 将头发用卷筒的方式向上卷起。

08 将卷起的头发稍做调整，用发卡固定。

09 将前发区左侧的头发做两股绕发处理。

10 将两股绕发环绕到后发区并固定。

11 将前发区右侧的头发做两股绕发处理。

12 将两股绕发环绕到后发区，与左侧的绕发衔接，依次佩戴饰品，造型完成。

BRIDE
HAIRSTYLE

▌风格定位

① 典雅　② 高贵

▌所用手法

① 三股加二编发　② 三股加一编发

▌造型重点

此款旗袍从上身到腰间都有刺绣花纹装饰，精巧的设计使其看起来秀美而精致。
搭配这样一款精致的编发造型，简约而不失华丽，朴实而不失高贵。

01 将所有头发用玉米须夹板烫蓬松，将头发前后分区，再将后发区的头发分为左右两个发区。

02 将前发区左侧的头发编三股加二辫，编至耳后方时改为编三股辫。

03 将三股辫编至发尾。

04 将后发区右侧的头发编三股加二辫，编至耳后方时改为编三股辫。

05 将三股辫编至发尾。

06 将两条三股辫的发尾用皮筋固定。

07 将右侧的三股辫向上卷起，将发尾隐藏于发辫内侧。

08 将左侧的三股辫向上卷起，将发尾隐藏于发辫内侧。

09 从顶发区分出一部分头发，编三股加一辫，编至耳后方时改为编三股辫。

10 将编好的三股辫固定于后发区。

11 将刘海整理好形状后固定于后发区，依次佩戴饰品，造型完成。

BRIDE
HAIRSTYLE

▌**风格定位**
① 大气　② 稳重　③ 简单

▌**所用手法**
① 烫发　② 打毛　③ 纹理处理

▌**造型重点**
此款烫发造型需要在保留原有的卷发弧度的情况下固定，并要对表面的头发进行
抽丝，以表现造型的纹理感。这是一款具有明星风范的中式发型。

01 将所有头发整理好，烫出卷筒，注意要烫到根部，不要将头发弄乱。

02 将头发前后分区。

03 取后发区上面的一部分头发，做打毛处理。

04 将前发区的头发做打毛处理，要留出卷发的纹理。

05 从左侧取一缕头发，在后发区位置做出纹理，用发卡固定。

06 从右侧取一缕头发，在后发区位置做出纹理，与左侧的头发衔接。

07 从左侧下方取一缕头发，在之前做的纹理下方用发卡固定。

08 从右侧下方取一缕头发，在之前做的纹理下方用发卡固定。

09 继续向下操作。

10 操作至发尾并固定。

11 将后发区的头发整理出形状，佩戴饰品，造型完成。

BRIDE
HAIRSTYLE

秀禾服造型

01 将前发区的头发中分，分别将两侧的头发打毛，向后梳光表面并固定。

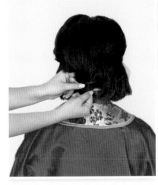

02 将前发区的头发在两边固定，从后发区取一部分头发并用皮筋扎牢。

03 取一个假发包，在皮筋位置固定。

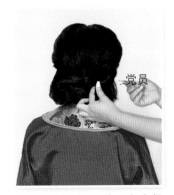

04 把真发拧好并固定在假发包上，大面积包住假发包。

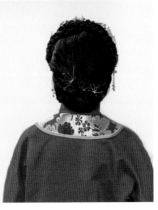

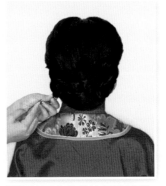

05 边固定头发边调整形状，直到把所有头发都固定好。

06 将饰品紧贴在中间分界线位置固定。

■ 风格定位

① 华贵　② 古典　③ 妩媚

■ 所用手法

① 拧发　② 扎马尾　③ 假发运用

■ 造型重点

青丝上的朵朵金钗与摇曳的流苏让新娘尽显华贵的风采。红色的秀禾服配上精致的妆容，让新娘拥有了别样的古典韵味。

07 在头顶横向佩戴一条假发辫。

08 在头顶再佩戴一条假发辫，然后佩戴饰品。造型完成。

01 将所有头发用玉米须夹板烫蓬松，从刘海区中间分出一股头发备用。

02 将分出的头发进行三股加二编发。

03 将右侧的头发进行三股加二编发。

04 一直从刘海区加发至后发际线处，用皮筋固定。

05 将左侧的头发进行三股加二编发。

06 将右侧编发好的发尾固定在左侧耳根处。

▌**风格定位**
① 华丽　② 夸张　③ 典雅　④ 妩媚

▌**所用手法**
① 三股加二编发　② 假发运用

▌**造型重点**
此款造型运用夸张华丽的头饰，选择一款绝美的造型才能更好地匹配出嫁仪式的喜庆和盛大。

07 将左侧编发好的发尾固定在右侧耳根处。

08 将假发辫固定在额前，佩戴饰品，造型完成。

▌ 风格定位
① 夸张　　② 成熟　　③ 雍容华贵

▌ 所用手法
① 假发包运用　　② 两股绕发

▌ 造型重点
在中分的刘海留出一缕头发置于额前，新颖别致，搭配夸张的花朵发饰，使新娘在清新甜美的气质中流露出一丝成熟气息，雍容华贵的造型更适合这场盛宴。

01 将除刘海部分的所有头发用玉米须夹板烫蓬松，并分为前后两区。

02 将后发区的头发一分为二，用皮筋扎起上层头发。

03 将月牙形假发包固定在前后分区处。

04 将前发区除刘海外的头发向后包裹假发包并用皮筋扎起。

05 取右侧的头发，做两股绕发并固定于左侧。

06 取左侧的头发，做两股绕发并固定于右侧。

07 重复前面的操作，直到将所有头发收起。

08 将中间的刘海用卷发棒向内卷出弧度，将剩余刘海中分，造型完成。

01 将刘海中分，将左侧刘海的头发均匀分成三股，编发到 1/3 处并固定。

02 将右侧刘海区的头发用同样的方法编发并固定。

03 将月牙形假发包固定在头顶。

04 将后发区的头发分成两份，将右侧的头发进行三股编发并用皮筋扎起。

05 将左侧的头发也分成三股编发。

06 将左侧头发的发尾如右侧一样扎起。

▌**风格定位**
① 端庄　② 大气　③ 高贵　④ 华丽

▌**所用手法**
① 三股编发　② 假发运用

▌**造型重点**
完美新娘造型自然需要用完美的配饰加以点缀，一款精致华丽的头饰可以让新娘更具风采，也可以凸显出新娘独特的高贵魅力。

07 将右侧的发辫收起并向左侧固定。

08 将左侧的发辫收起并向右侧固定，使整个后发区的发包干净而有弧度。

01 将所有头发用玉米须夹板烫蓬松并中分。

02 将后发区上半部分的头发编蝎子辫。

03 编至发尾，用皮筋扎起。

04 将右侧的头发进行三股加一编发并收于左侧。

05 将左侧的头发进行三股加一编发。

06 编至发尾，用皮筋扎起。

■ 风格定位
① 古典　② 雍容华贵

■ 所用手法
① 蝎子编发　② 三股加一编发

■ 造型重点
此款造型运用了多种金色发饰，鬓发垂帘中的新娘显得格外雍容华贵。

07 将编好的发辫的发尾收于发髻下侧。

08 佩戴饰品，造型完成。

01 将上半部分的头发用玉米须夹板烫蓬松，将下半部分的头发用卷发棒烫卷。

02 将所有头发用皮筋扎起。

03 在头顶处固定月牙形假发包。

04 将扎起的头发分成多股，依次进行两股绕发。

▌**风格定位**
① 复古　② 大气　③ 端庄

▌**所用手法**
① 扎马尾　② 两股绕发

▌**造型重点**
这款造型整体向上盘起，温婉大气的头饰映衬着新娘顾盼生姿的容颜，美得让人着迷。

05 将两股绕发依次盘起，将毛发收干净。

06 佩戴饰品，造型完成。

01 将所有头发用玉米须夹板烫蓬松,在后发区扎低马尾。

02 将扎起的发辫进行三股编发。

03 将发辫盘成发髻。

04 将假发包沿发髻下边缘包裹并固定。

▌风格定位
① 古典　② 娴雅　③ 娇俏

▌所用手法
① 扎马尾　② 三股编发　③ 假发运用

▌造型重点
厚重的齐刘海给人清纯乖巧的印象,有层次感的发圈和发辫交相呼应。女子如出水芙蓉般,静待夫君的到来。

05 用假发套覆盖住真发的发髻并固定。

06 将假发刘海固定在刘海区,在头顶固定弧形假发条。

01 将所有头发用玉米须夹板烫蓬松并分为前后两区，用前发区的头发包裹假发棒并固定。

02 将后发区的头发用皮筋扎起。

03 将扎起的发束进行三股编发。

04 将发辫向上盘成发髻。

▮ **风格定位**
① 夸张　② 大气　③ 古典　④ 华丽

▮ **所用手法**
① 扎马尾　② 三股编发　③ 假发运用

▮ **造型重点**
这是一款华丽的新娘造型，透露着浓浓的古典韵味。

05 将假发辫覆盖在前后发区的分界线处。

06 将条状假发刘海固定在前额中央位置。

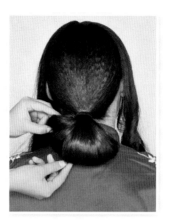

01 分出前后发区，将后发区的头发用皮筋扎成马尾，不要把发尾扯出来。

02 将扎好的头发向两边扯开并固定，尽量把形状处理得圆润一些。

03 将刘海中分，将一侧做压低处理，然后固定，最好不要露出耳朵。

04 将刘海另一侧以同样的方法处理，一定要将头发整理得干净清爽。

▋风格定位
① 古典　② 端庄　③ 娴雅

▋所用手法
① 打卷　② 扎马尾

▋造型重点
这款发型的重点是低发髻，但并不显老气，关键就是要将脑后的头发做出一定的立体感。另外，将头发向后做发髻时，要轻轻往上推一下，并且手要松，否则就做不出这样的效果了。

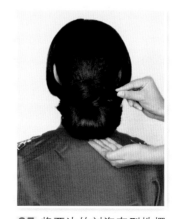

05 将两边的刘海有型地摆好并固定在后发区的皮筋位置，刚好可以遮住皮筋。

06 将小的月牙形假发包放头顶中间，然后固定。

01 留出前发区的头发，将后发区的头发扎成低马尾。

02 将前发区的头发中分，分别进行三股加一编发。

03 编到耳后改编三股辫，编到发尾，然后用皮筋扎牢。

04 将两边的刘海处理好，将假发包在分界线处固定。

05 用编好的发辫盖住假发包边缘并固定。

06 将两条发辫固定，从马尾中取一半头发，做两股绕发。

07 将另一半马尾头发做两股绕发，整理后发区的轮廓。

08 佩戴饰品，造型完成。

■ 风格定位

① 霸气　② 冷艳　③ 华丽　④ 高贵

■ 所用手法

① 两股绕发　② 三股加一编发

■ 造型重点

上扬的眼线赋予新娘霸气高贵的风采。中式新娘不仅可以娇羞含蓄，还可以彰显华贵和冷艳的魅力。

01 将前发区的头发中分，取发片并进行打毛处理。

02 将打毛后的发片表面梳顺，喷上啫喱水，用大号的定位夹固定。

03 将假发片拧绕出饱满的形状，在定位夹位置固定。

04 将整理出形状的假发片依次用发卡固定，注意头发表面的光洁度。

▌风格定位

① 娇俏　② 明丽　③ 甜美　④ 别致

▌所用手法

① 打毛　② 假发运用

▌造型重点

此款造型注重假发堆积的曲线流畅性和对称性，中分刘海和中国风的发饰都是亮点，给人甜美俏丽之感。伊人回眸，巧笑盼兮，娇俏明丽。

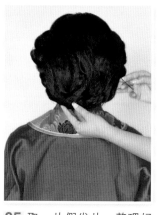

05 取一片假发片，整理好形状后对称地固定在后发区。

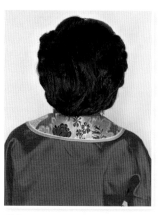

06 造型完成的背面图。

01 将前发区的头发中分并打毛，然后向后梳光表面。

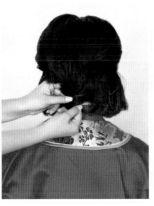

02 将前发区的头发向两边固定。从后发区取一部分头发，用皮筋扎牢。

03 将假发包在后发区皮筋位置固定。

04 把真发拧好后固定在假发包上，最大面积包住假发。

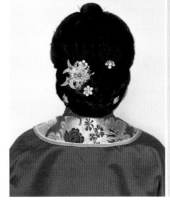 

▌**风格定位**

① 娴雅　② 贤惠　③ 恬静　④ 温柔

▌**所用手法**

① 打毛　② 假发运用

▌**造型重点**

打造这款精巧的盘发时，头发两侧要尽量梳得光洁一些。手工的中式额饰佩戴在假发包上，给人娴雅恬静的感觉。

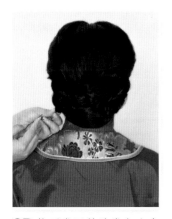

05 将后发区的头发向上盘起，边固定边调整形状，直到把所有头发都固定好。

06 将扁形的小发包在头顶的中分线位置固定。

01 将前发区的头发中分并打毛，然后向后梳光表面。

02 将前发区的头发向两边固定。从后发区取一部分头发，用皮筋扎牢。

03 将假发包在后发区皮筋位置固定。

04 把真发拧好后固定在假发包上，最大面积包住假发。

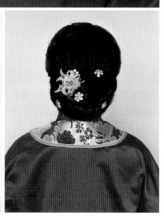

▌风格定位
① 温柔　② 贤惠　③ 淑媛

▌所用手法
① 打毛　② 假发运用

▌造型重点
后发区的假发应该呈现出清晰的纹理，整体发型也应该圆润饱满。放置在头顶位置的假刘海将新娘衬托得温柔贤惠。

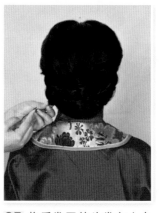

05 将后发区的头发向上盘起，边固定边调整形状，直到把所有头发都固定好。

06 将条状假发刘海固定在额前，造型完成。

01 将所有头发用玉米须夹板烫蓬松，然后将刘海区的头发中分。

02 将刘海区的头发分别向两侧编发，不要编得太紧，编好后用皮筋固定。

03 将假发包固定在后发区皮筋的位置。

04 把真发拧好并固定在假发包上，最大面积地包住假发。

风格定位

① 俏丽　② 古典　③ 雅致

所用手法

① 拧发　② 编发　③ 假发运用

造型重点

红色与金色相搭配的饰品可以衬托出中式新娘的韵味，额心的缀饰古典而又雅致。

05 边固定边调整形状，直到把所有头发都固定好。

06 佩戴饰品，造型完成。

01 将所有头发用玉米须夹板烫蓬松,然后将刘海区的头发中分。

02 将刘海区的头发分别向两侧编发,不要编得太紧,编好后用皮筋固定。

03 将假发包固定在后发区皮筋的位置。

04 把真发拧好并固定在假发包上,最大面积地包住假发。

风格定位

① 柔美　② 喜庆　③ 华彩

所用手法

① 拧发　② 编发　③ 假发运用

造型重点

一身镶满金丝的红色秀禾装,和谐中透着喜庆。桃心形的刘海是此款造型的重点,将原本平淡的盘发装点得俏丽可爱。

05 边固定边调整形状,直到把所有头发都固定好。

06 将桃心形的假刘海紧贴在前发际线位置固定。

01 将月牙形的假发包固定在头顶，然后整理后发区的头发。

02 将左侧发区的发片进行两股绕发。

03 将左侧后发区的头发编进两股绕发中，并用发卡固定在后发区。

04 将右侧的头发用同样的方法处理并固定。

05 将绕发后剩余的发尾缠绕并收进发包内侧。

06 整理后发区的发型轮廓，佩戴精美的饰品。

▌风格定位
① 艳丽　② 精致　③ 恬静

▌所用手法
① 两股绕发　② 假发运用

▌造型重点
在对称的低盘发基础上加一个厚实的假发齐刘海，为精致华丽的造型增添了一份恬静。

01 将所有头发用玉米须夹板烫蓬松，然后将前发区的头发偏分。

02 将右侧的头发进行三股加二编发。

▌风格定位

① 大气　② 醒目　③ 华丽

▌所用手法

三股加二编发

▌造型重点

偏侧的发型饱满而具有纹理感，金色蝴蝶饰品在发间若隐若现。

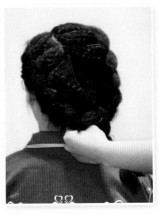

03 将左侧的头发进行三股加二编发。

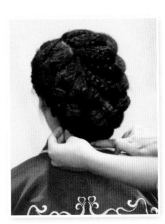

04 将编好的发辫的发尾收于整个造型的底端。

05 用发饰遮盖两条发辫的分界线。

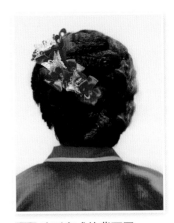

06 造型完成的背面图。

01 将所有头发用玉米须夹板烫蓬松。

02 从前发区取一股头发，进行两股绕发处理。

03 将所有头发以同样的方法处理并固定。

04 将后发区底部的剩余头发向上翻卷并固定。

▌**风格定位**
① 古典　② 端庄　③ 贤淑

▌**所用手法**
两股绕发

▌**造型重点**
此款发型向后梳理，将新娘衬托得温婉端庄，具有大家闺秀的风范。

05 调整发型的弧度。

06 佩戴饰品，造型完成。

01 将所有头发用玉米须夹板烫蓬松。

02 将头发分为前后两区，将后发区的头发用皮筋扎起，将前发区右侧的头发进行两股绕发。

03 将前发区左侧的头发同样进行两股绕发。

04 将后发区扎起的头发向内收起。

▌风格定位
① 大气　② 醒目　③ 华丽

▌所用手法
① 两股绕发　② 包发

▌造型重点
此款发型运用了夸张的发饰，却并不显得突兀，反而将新娘的气质衬托得隆重而端庄。

05 将两侧的发辫分别从两侧收于发包内。

06 佩戴饰品，造型完成。

01 将刘海区的头发斜分，将右侧刘海区的头发进行三股加一编发。

02 将发辫编至后发区，用皮筋固定。

03 将左侧刘海区的头发也进行三股加一编发。

04 将发辫编至后发区，用皮筋固定。

▌**风格定位**
① 甜美　② 温婉　③ 古典

▌**所用手法**
三股加一编发

▌**造型重点**
此款造型采用偏侧的编发刘海，夸张的花朵头饰配以流苏，映衬着新娘宛若桃花的笑脸。

05 将右侧发辫的发尾对折后固定。

06 将左侧的发辫以同样的方法收尾，然后固定成发髻，造型完成。

▌风格定位
① 高贵　② 娴雅　③ 温和

▌所用手法
① 蝎子编发　② 假发运用

▌造型重点
运用假发包可以将顶发区打造得圆润饱满，使新娘高贵的气质油然而生。

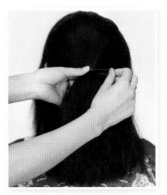

01 留出刘海区，将后发区的头发分为上、下两部分，将上面的头发用皮筋扎起。

02 在刘海区和后发区的分界线位置固定月牙形假发包。

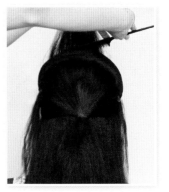

03 将刘海区的头发打毛，使其蓬松。

04 用刘海包裹假发包，和后发区的头发一起编蝎子辫。

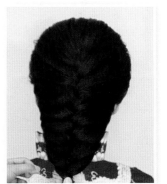

05 将蝎子辫编至发尾。

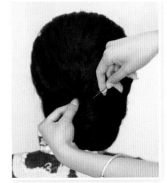

06 将发尾对折后绕进发辫内侧并固定。

07 将两股较细的假发辫固定在额前。

08 佩戴饰品，造型完成。

01 留出刘海区，将后发区的头发分为上、下两部分，将上面的头发用皮筋扎起。

02 在刘海区和后发区的分界线位置固定月牙形假发包。

03 将刘海区的头发打毛，使其蓬松。

04 用刘海包裹假发包，和后发区的头发一起编蝎子辫。

05 将蝎子辫编至发尾。

06 将发尾对折后绕进发辫内侧并固定。

▌**风格定位**
① 华丽　② 夸张　③ 醒目

▌**所用手法**
① 蝎子编发　② 假发运用

07 将条形假发刘海固定在额前的中心位置。

08 佩戴饰品，造型完成。

▌**造型重点**
华丽的金色头饰包裹住正面所有头发，只露出条形刘海，整个造型在华丽中透露出了一丝轻松与活泼。

▌风格定位

① 优美　② 温婉　③ 恬静

▌所用手法

① 两股绕发　② 假发运用

▌造型重点

此款造型采用简单的绕发，搭配上华丽的饰品，让原本温婉恬静的新娘增添了几分娇俏和率真。

01 将所有头发用玉米须夹板烫蓬松。

02 在头顶固定一个月牙形假发包，将左侧刘海区的头发进行两股绕发并固定。

03 将右侧刘海区的头发进行两股绕发并固定在后发区。

04 在后发区将右侧的发片往中间固定。

05 将左侧的发片也往中间固定，注意操作的力度。

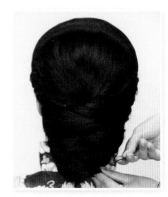

06 有序地将后发区的头发依次收起。

07 整理好整个造型的轮廓。

08 佩戴饰品，造型完成。

01 将所有头发烫蓬松后中分，用定位夹固定。

02 在头顶位置放置月牙形假发包，增加发型的高度。

03 将刘海区右侧的头发整理到后发区，要适当蓬松。

04 将刘海区左侧的头发以同样的方法处理，注意不能把刘海拉扯变形。

05 将后发区一侧的头发进行两股绕发，向另一侧固定。

06 将后发区另外一侧的头发以同样的方法处理。

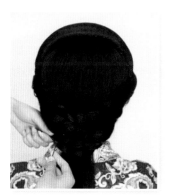

07 将后发区的头发以同样的手法依次固定，绕发之间不能留有缝隙。

08 将所有头发固定牢固，整理造型的衔接和轮廓，造型完成。

▌**风格定位**
① 古典　② 温婉　③ 端庄

▌**所用手法**
① 两股绕发　② 假发运用

▌**造型重点**
中分的刘海将新娘的整体气质衬托得格外成熟，同时增添了女人的妩媚与娇羞。

123

▌风格定位

① 精致 ② 明丽 ③ 俊秀

▌所用手法

两股绕发

▌造型重点

将蕾丝、彩珠和流苏混合运用在一款发型中，使整个造型显得丰富却不凌乱。

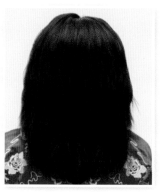

01 将所有头发用玉米须夹板烫蓬松。

02 将刘海区的头发中分，将中间偏左的头发两股绕发。

03 绕发到发尾后固定，将刘海区左侧剩余的头发也以同样的方法处理。

04 将刘海区中间偏右的头发两股绕发，注意保持头发的蓬松度。

05 将刘海区右侧剩余的头发也以同样的方法处理。

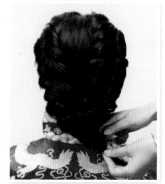

06 将后发区剩余的头发两股绕发后横向固定。

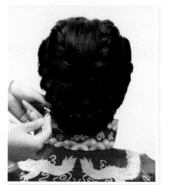

07 将所有头发固定好，调整发股之间的衔接。

08 佩戴饰品，造型完成。

01 将头发烫蓬松后偏分，将下半部分的头发烫卷。

02 将刘海区右侧的头发做手推波纹，用定位夹固定，喷啫喱水定型。

03 将右侧耳际处的头发做手推波纹，用定位夹固定，喷啫喱水定型。

04 从右侧取几缕发丝，稍加调整后固定在后发区，使其具有纹理感又不凌乱。

05 将左侧的头发向后交叉固定。

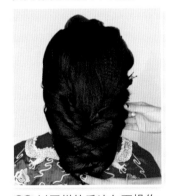

06 以同样的手法向下操作，直到收尾。

▌风格定位
① 端庄　② 高贵　③ 妩媚

▌所用手法
① 两股绕发　② 手推波纹

▌造型重点
在任何情况下，手推波纹都能很好地营造出古典的感觉，而巧妙的饰品搭配又能让人耳目一新。

07 等待啫喱水变干，取下定位夹。

08 佩戴饰品，造型完成。

01 将所有头发用玉米须夹板烫蓬松并偏分。

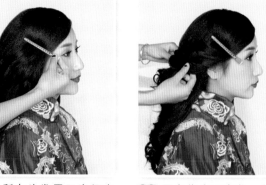

02 用定位夹固定住一侧刘海，将定位夹下面的头发进行两股绕发并固定于后发区。

03 将左侧刘海的头发进行两股绕发并固定在后发区。

04 将两侧的绕发合二为一，进行三股编发。

▌风格定位
① 高贵　② 典雅　③ 温婉　④ 恬静

▌所用手法
① 两股绕发　② 三股编发

05 编至右侧，转折后向左编发。

06 以同样的手法依次向下处理后发区的头发。

▌造型重点
富有金属光泽的蝴蝶头饰配以流苏，将新娘衬托得温婉恬静，非常符合大家闺秀的形象。

07 将后发区的头发收尾，将底部轮廓处理成圆形。

08 佩戴饰品，造型完成。

01 将刘海区的头发中分，将刘海区右侧的头发进行三股加二编发，编到后发际线处改为三股编发。

02 将刘海区左侧的头发进行三股加二编发，编至后发区时，将后发区的头发也编入其中。

03 编到后发际线处改为三股编发，编至发尾。

04 将右侧发辫的发尾对折后，向左侧固定。

▌**风格定位**
① 高贵　② 温婉　③ 恬静

▌**所用手法**
① 三股加二编发　② 三股编发

05 将左侧发辫的发尾对折后，向右侧固定。

06 佩戴饰品，造型完成。

▌**造型重点**
精美的头冠搭配低发髻，将新娘衬托得格外高贵典雅。因为头冠十分抢眼，所以低发髻只要细节精致就可以。

01 将所有头发用玉米须夹板烫蓬松，并分成前后两区，用皮筋扎起后发区的头发。

02 将月牙形假发包固定在前后发区的分界线处。

03 将扎起的头发一分为二，取左侧一股，进行两股绕发。

04 将两股绕发向左侧提拉并固定。

▌风格定位

① 高贵　② 典雅　③ 精致　④ 醒目

▌所用手法

① 扎马尾　② 两股绕发　③ 假发运用

▌造型重点

此款造型以真发做出复古的圆弧形刘海，在头顶点缀闪亮的金钗和流苏，将新娘的高贵典雅气质展现得淋漓尽致。

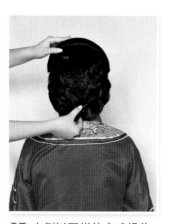

05 右侧以同样的方式操作。

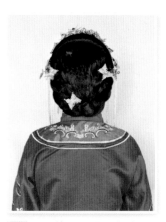

06 佩戴饰品，造型完成。

01 将所有头发用玉米须夹板烫蓬松，用卷发棒从头发根部做微卷处理。

02 将刘海区中间的头发打毛，使其蓬松，将其向后固定。

03 将头发分为前后两区，将后发区的头发用皮筋扎起。

04 将两侧的头发向后固定。

05 将发尾进行两股绕发后有序地固定。

06 将两侧的头发依次以同样的方式固定。

07 将月牙形假发包固定在前后发区的分界线处。

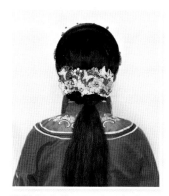

08 佩戴饰品，造型完成。

▌风格定位
① 甜美　② 温柔　③ 精致

▌所用手法
① 扎马尾　② 两股绕发

▌造型重点
半扎发最能体现新娘的甜美温婉，简单经典的头饰也能令新娘的气质加分。

▌风格定位

① 艳丽　② 优雅　③ 温婉

▌所用手法

两股绕发

▌造型重点

不同于常见的金属材质的饰品，此款造型采用纱质的红色饰品进行装饰，使新娘兼具优雅和温婉的气质。

01 将所有头发用玉米须夹板烫蓬松。

02 将前发区左侧的头发进行两股绕发。

03 将头发绕至右侧后发区位置，有弧度地固定。

04 将前发区右侧的头发用同样的方法固定。

05 取后发区右侧的发片，将其整理出弧度并用发卡固定。

06 将后发区左侧的头发也用相同的方法固定，衔接要自然。

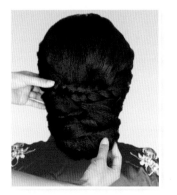

07 待所有头发都收起并固定好后，整理整体轮廓。

08 佩戴饰品，造型完成。

01 将所有头发用玉米须夹板烫蓬松并中分。

02 将头发分为前后两区，将头顶部分的头发打毛并向后收起。

03 用皮筋将后发区的头发的发尾扎起并向内扣。

04 将刘海区左侧的头发收尾，藏在后发区发包的内部。

▌**风格定位**
① 温婉　② 娴雅　③ 柔美

▌**所用手法**
包发

▌**造型重点**
中分的刘海使新娘的整体气质显得成熟，简单的包发则显得大方得体。

05 将刘海区右侧的头发收尾，藏在后发区发包的内部。

06 佩戴饰品，造型完成。

01 将所有头发用玉米须夹板烫蓬松，然后烫成波浪卷。

02 将所有头发在后发区扎马尾，注意毛发要收干净。

03 将马尾尾部用皮筋收紧。

04 将马尾用卷筒的方式收起，用发卡固定。

▌风格定位

① 隆重　② 霸气　③ 端庄

▌所用手法

① 假发运用　② 卷筒式收发

▌造型重点

精心打造的盘发、编发，再加上极具喜庆感的头饰，这几个元素塑造出了隆重端庄的中式新娘造型。

05 在额前佩戴假发辫。

06 在头顶固定月牙形假发包，再依次佩戴饰品，造型完成。

01 将所有头发烫好并打散。

02 将所有头发前后分区，再将前发区的头发中分。

03 将前发区左侧的头发做两股绕发。

04 将两股头发有序地拧绕至发尾并固定。

05 将前发区右侧的头发做两股绕发。

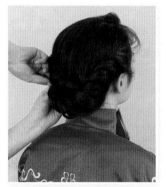

06 将两股头发有序地拧绕至发尾并固定。

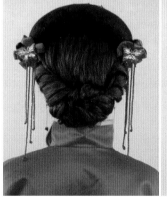 

07 将小月牙形假发包戴在头顶，用前发区的头发向后将其覆盖。

08 将大月牙形假发包戴在头顶两边，用发卡固定，依次佩戴饰品，造型完成。

▌**风格定位**
① 娴雅　② 温婉　③ 古典

▌**所用手法**
① 卷发　② 收纹理　③ 假发运用

▌**造型重点**
此款造型采用古典中式新娘发髻，将红色的发饰点缀于独具温婉气质的中式造型中，为婚礼增添了一抹不一样的色彩。

BRIDE
HAIRSTYLE

▌**风格定位**

① 甜美　② 率真　③ 华丽　④ 古典

▌**所用手法**

① 两股绕发　② 三股加一编发　③ 三股编发

▌**造型重点**

此款造型以编发突出纹理感，精美细致的头饰显得华丽而大气，橙色系妆容为新娘增添了年轻、率真又不失喜庆的感觉。

01 留出前发区的头发，将后发区所有头发梳光，扎成低马尾。

02 将前发区的头发中分，然后分别进行三股加一编发。

03 编到耳后时改为三股编发，一直编到发尾，然后用皮筋扎牢。

04 将两边的发辫编完，从低马尾中取一半头发，进行两股绕发。

05 将拧好的头发向上盘起。

06 将低马尾的另外一半头发以同样的方式处理。

07 将前发区一侧编好的发辫摆放在后发区合适的位置并固定。

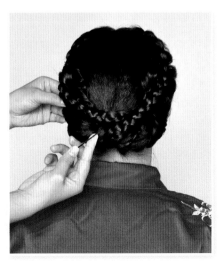

08 将另一条发辫以同样的方式处理，发辫可以增添后发区发型的纹理感。

09 佩戴饰品，造型完成。

BRIDE
HAIRSTYLE

▌风格定位
① 华丽　② 温婉　③ 古典　④ 高贵

▌所用手法
① 三股加一编发　② 三股编发

▌造型重点
在额前的发辫上点缀有珠坠的饰品，将新娘打造出古典而高贵的情态。

01 将所有头发用玉米须夹板烫蓬松，将刘海中分，将左侧刘海进行三股加一编发。

02 编至发尾，用皮筋固定。

03 将右侧刘海也进行三股加一编发。

04 将顶发区的头发打毛，使其蓬松。

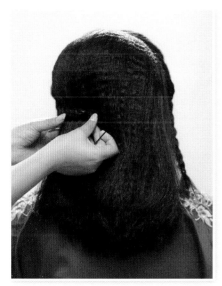

05 将左侧的发辫向后固定于后发区中间部位。

06 将右侧的发辫也固定于后发区中间部位。

07 将剩余的头发分成若干份，依次进行三股编发。

08 将编好的头发依次盘起并固定。

09 调整发型的形状，使其呈椭圆形。

10 将两条假发辫横向固定于额头位置。

11 将两侧的发辫分别向后拉，固定在后发区盘发底部。

BRIDE
HAIRSTYLE

▌ **风格定位**

① 古典　② 明丽

▌ **所用手法**

① 三股加二编发　② 三股编发

▌ **造型重点**

这款秀禾服造型采用编发手法完成，非常适合新娘作为出门造型，简单轻便又不
失大方端庄之感。操作时要注意整个造型的轮廓感和饱满度。

01 将所有头发用玉米须夹板烫蓬松。

02 将刘海区的头发向后进行三股加二编发。

03 编到脑后中间位置改为三股编发，编至 1/2 处收尾。

04 将编好的发辫向内折，垫在头顶的发辫下并固定。

05 将剩余的头发一分为二，取其中一份，进行三股编发。

06 将左侧的发辫编至发尾，用皮筋固定。

07 将编好的发辫向上翻卷并固定。

08 将右侧的头发进行三股编发，编至发尾，用皮筋固定。

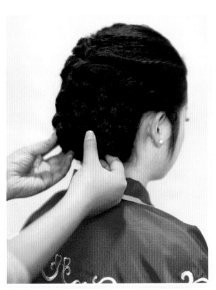

09 将编好的发辫向上翻卷并固定。

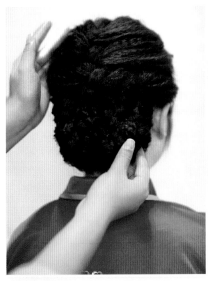

10 调整底端发辫的弧度，造型完成。

BRIDE
HAIRSTYLE

▌风格定位
① 华贵　② 温婉

▌所用手法
① 手推波纹　② 假发运用

▌造型重点
此款造型采用立体手推波纹技术，把波纹推得很有起伏感，而不是用定型产品推出大概的效果。

01 将所有头发烫蓬松。将刘海侧分后，推出适当的圆形弧度。

02 整理好刘海的边缘，用大的定位夹固定。

03 做出第二个圆弧的形状，位置以盖住耳朵为佳。

04 将圆弧状的头发用定位夹夹住。

05 在定位夹位置喷上啫喱水。

06 将后发区的头发整理出饱满的轮廓，然后固定。

07 取一条假发辫，将其中间部分固定在头顶，再将其一端向后发区固定。

08 将假发辫的另外一端固定于后发区，可增加饱满度和丰富的纹理。

09 将真发与假发辫有序地固定。

10 将后发区的头发整理出形状后固定，要与刘海的波纹衔接。

11 用吹风机吹风定型，然后取下定位夹。佩戴饰品，造型完成。

BRIDE
HAIRSTYLE

▌ 风格定位
① 高贵　② 典雅　③ 妩媚

▌ 所用手法
① 手推波纹　② 卷筒　③ 假发运用

▌ 造型重点
将头发梳成S形，要像波浪一样有高低起伏。将头发梳好后用定位夹夹住，并喷上啫喱水，取下定位夹前用吹风机吹风定型。手推波纹搭配高发髻可以为新娘打造出别样的柔情。

01 将所有头发烫蓬松。将刘海侧分后，推出适当的圆形弧度。

02 整理好刘海的边缘，用大的定位夹固定。

03 做出第二个圆弧的形状，位置以盖住耳朵为佳。

04 将圆弧状的头发用定位夹夹住，在定位夹位置喷上啫喱水。

05 将后发区的头发梳顺。

06 将后发区的头发用皮筋扎牢，不要把马尾头发拉扯出来。

07 把假发包固定在头顶位置。

08 将马尾预留出来的头发拉出扇形后固定。

09 将真发沿着假发包的边缘固定好。造型完成。

BRIDE
HAIRSTYLE

▌风格定位
① 成熟　② 端庄　③ 雍容华贵

▌所用手法
① 两股绕发　② 假发运用

▌造型重点
这款发型虽然是低发髻，但并不显得老气。打造此款发型的关键就是要将后发区的发髻做出一定的立体感。

01 将所有头发烫蓬松并中分，将中分后的刘海用定位夹固定。

02 在头顶放置月牙形假发包，增加发型的高度。

03 将右侧刘海区的头发整理到后发区并固定，使其蓬松。

04 将左侧刘海以同样的方法处理，注意操作的力度，不能把刘海拉扯变形。

05 将右侧耳后的头发进行两股绕发，固定在左侧。

06 将左侧耳后的头发以同样的方法进行两股绕发。

07 将后发区的头发继续左右绕发并有序地固定，绕发之间不能留有缝隙。

08 将所有头发固定牢固后，整理造型的衔接和轮廓。

09 佩戴饰品，造型完成。

BRIDE
HAIRSTYLE

▌ 风格定位

① 别致　② 温婉　③ 恬静

▌ 所用手法

① 打毛　② 两股绕发

▌ 造型重点

这是一款简单的盘发，采用不对称的形式，头顶略微蓬松。

01 将所有头发用玉米须夹板烫蓬松，并用卷发棒从根部做微卷处理。

02 将中间的刘海打毛，使其蓬松，并在后发区部位固定。

03 将头发分为前后两区，将后发区的头发用皮筋扎起。

04 将前发区左右两侧的头发向后盘成发髻并固定。

05 将剩余发束一分为二，取其中一股，将其进行两股绕发并搭绕在之前的发髻周围。

06 将另一股头发以同样的方法绕发并盘绕。

07 将盘绕的发髻与发辫稍加调整，使造型饱满。

08 在头顶佩戴假发。

09 佩戴饰品，造型完成。

BRIDE
HAIRSTYLE

▌风格定位
① 喜气 ② 典雅 ③ 精致 ④ 醒目

▌所用手法
① 拧发 ② 两股绕发

▌造型重点
复古的桃心状刘海搭配中式花冠，中式传统秀禾服装配上最甜美的笑容，尽显新娘的喜气典雅。

01 将所有头发用玉米须夹板烫蓬松，并用卷发棒从头发根部做微卷处理。

02 分别将两侧的刘海固定于两侧耳际上方。

03 从右侧耳上方取一股头发，进行两股绕发。

04 将发辫弯曲后绕在后发区位置。

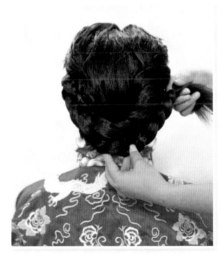

05 将左侧的头发进行两股绕发，并绕在右侧发辫外侧。

06 将发尾收于脑后右下方。

07 将内侧与外侧的发辫结合。

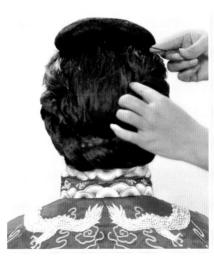

08 将假发包固定在头顶。

09 将桃心状假发片固定在前额处。造型完成。

BRIDE
HAIRSTYLE

▎风格定位

① 娴雅 ② 大气 ③ 古典

▎所用手法

① 卷筒 ② 三股编发 ③ 两股绕发

▎造型重点

此款发型简洁大方，佩戴于头顶的饰品是重点，满头的饰品雍容华贵，透露出新娘的高贵气质。

01 将所有头发用玉米须夹板烫蓬松。

02 将头发前后分区，再将前发区中分，将前发区左侧的头发做三股加一编发，编到耳后改编三股辫。

03 将右边的头发做三股加一编发处理，编到耳后改编三股辫，编至发尾并固定于后发区。

04 在右侧耳后方取一缕头发，做两股绕发并固定。

05 整理剩余的头发，用皮筋在发尾处固定。

06 将头发向上做卷筒状。

07 整理卷筒的头发。

08 将卷筒状的头发固定于后发区的底部。

09 将一条假发发辫佩戴于头顶。

10 将假发发辫从头顶环绕至后发区。

11 将假发发辫固定于真发间，将发尾隐藏。

12 将饰品佩戴于头顶。

151

BRIDE
HAIRSTYLE

▌风格定位
① 娴雅　② 温婉　③ 古典

▌所用手法
① 卷发　② 整理纹理　③ 假发隐藏固定

▌造型重点
这是一款端庄典雅的中式新娘发型，轻薄的刘海发丝具有年代感，搭配流苏饰品和传统礼服，别有一番风韵。

01 将卷烫的头发打散并整理好。

02 将头发以耳尖到头顶的连接线为界前后分区。

03 将分区后的头发整理干净。

04 将后发区的头发收干净，扎低马尾。

05 将假发条环绕于头顶并固定。

06 留出几缕刘海，将前发区的头发整理干净，将其包裹在假发上。

07 将后发区的马尾头发收起，使其覆盖假发。

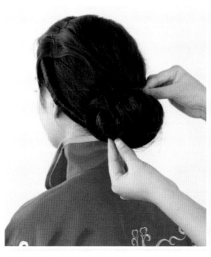

08 将多余的头发收干净，整理形状。

09 将月牙形假发包固定于头顶，依次佩戴饰品。造型完成。

BRIDE
HAIRSTYLE

龙凤褂造型

01 将后发区的头发用皮筋在后发区扎马尾。

02 将马尾盘成发髻，将前发区的头发中分，并将中分后的头发打毛。

03 将前发区的头发分别从两侧向后固定，将余发也绕在发髻边缘并固定。

04 将假发条固定在前后发区的分界线上方。

05 佩戴饰品，造型完成。

风格定位
① 古典　② 成熟　③ 大气

所用手法
① 扎马尾　② 打毛　③ 假发运用

造型重点
此款造型中，两鬓的留发很有古典韵味，简单大气的盘发散发着成熟之美。

01 将后发区的头发用皮筋扎马尾。

02 将马尾盘成发髻，将前发区的头发中分，并将中分后的头发打毛。

03 将前发区的头发分别从两侧向后固定，将余发也绕在发髻边缘并固定。

04 将赫本假发固定在后发区的发髻上方。

05 调整假发的轮廓，尽量使其圆润饱满。

06 佩戴饰品，造型完成。

▎**风格定位**
① 俏丽　② 明快

▎**所用手法**
① 扎马尾　② 打毛　③ 假发运用

▎**造型重点**
此款造型告别了华丽的发饰，采用小花朵和珍珠相间的发圈，打造出一个俏丽明快的新娘。

01 将所有头发烫卷，顺着卷的纹理整理出刘海并固定。

02 将另一边的刘海以同样的方法处理，要蓬松有型。

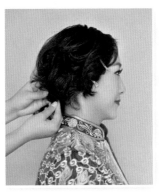

03 将后发区的部分头发扎起，作为后面发型的固定点。

04 将整片的假发片在扎头发的位置固定。

05 将假发片分股绕成饱满的形状，用发卡固定。

06 将整个假发片完整有型地固定在后发区。

▌风格定位

① 高贵　② 成熟　③ 大气　④ 妩媚

▌所用手法

① 烫卷　② 假发运用

▌造型重点

前期的卷发要做得漂亮，这样刘海才能呈现出妩媚的弧度。将真发在假发的基础上摆出弧度和纹理，短发也可以做出高贵大气的发型。

07 把新娘本身的头发和后发区的假发有序地衔接好。

08 佩戴饰品，造型完成。

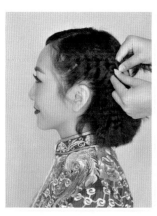

01 将所有头发用玉米须夹板烫蓬松，然后三七分，将少的那一边头发进行三股加二编发。

02 将刘海区的头发整理出圆弧状，用小定位夹固定，适当喷啫喱水定型。

03 将两边的发辫固定并整理轮廓，注意应保持后发区位置的饱满程度。

04 将长的假发辫在头顶位置固定，起到遮挡分界线和丰富发型的作用。

05 将余下的发辫有形地盘在后发区，注意与新娘本身的头发自然衔接。

06 佩戴饰品，造型完成。

▍风格定位
① 古典　② 婉约　③ 精致

▍所用手法
① 三股加二编发　② 假发运用

▍造型重点
此款造型采用真假发互补的设计，在精致的流苏发簪装饰下，整个造型多了几分婉约的怀旧情怀，让新娘在一颦一笑间透出古典意韵。

01 将头发用卷发棒整齐有序地烫好，不要打散弄乱。

02 将左侧的一股头发提起，在后发区固定。

03 将右侧的一股头发提起，在后发区固定。

04 将左边剩余的头发顺着卷发的纹理固定在后发区。

▍风格定位
① 娴雅　② 温婉　③ 简单

▍所用手法
① 烫发　② 收纹理

▍造型重点
中式龙凤裙有着独特的韵味，经过历史的积淀，受到了当下年轻人的喜欢。此款造型的轮廓和饰品都以简洁为主，却将古典韵味展现得淋漓尽致。

05 将右边剩余的头发顺着卷发的纹理固定在后发区。

06 整理头发的纹理，将尾发收干净，佩戴饰品，造型完成。

01 将所有头发用玉米须夹板烫蓬松，使其看起来饱满。

02 将所有头发梳理干净并在后发区用皮筋固定。

03 将头发分成四份，将其中一份做两股绕发并固定。

04 再取一份头发，做两股绕发并固定。

05 将第三份头发做两股绕发并固定。

06 将剩余的头发做两股绕发并固定。

07 将盘好的头发整理干净并固定牢固。

08 在一侧发区和后发区依次佩戴饰品，造型完成。

▌**风格定位**
① 简单　② 温婉　③ 恬静

▌**所用手法**
① 扎马尾　② 两股绕发

▌**造型重点**
此款造型简单大方，独具甜美气质，适合喜欢干净和甜美风格的新娘。

183

BRIDE
HAIRSTYLE

▌风格定位

① 娴雅　② 温婉　③ 恬静

▌所用手法

① 打毛　② 两股绕发

▌造型重点

这是一款低发髻盘发，花样复杂而有序，风格温婉而娴雅，独具恬静气质。此款造型是很受欢迎的中式新娘出嫁造型。

01 将所有头发依次用卷发棒烫卷。

02 分出顶发区的头发，进行打毛处理。

03 整理打毛后的发片，并将其固定在后发区。

04 将后发区的头发打理成饱满的弧度和轮廓。

05 将后发区左右两侧的头发依次分成均匀的发片，向另外一侧固定。

06 将左右两侧刘海区的头发有纹理地固定在后发区。

07 整理整个后发区的头发，使其饱满而有层次。

08 在一侧戴上发钗。

09 在后发区有层次地佩戴饰品，造型完成。

BRIDE
HAIRSTYLE

▌风格定位

① 精巧　② 温和　③ 恬静

▌所用手法

① 烫卷　② 三股加二编发

▌造型重点

精巧的盘发加上艳丽而精致的头饰，是中式新娘低发髻的典型搭配。发辫贯穿于整个造型，体现了曲线的流畅和细节的精巧。

01 用卷发棒把所有头发烫卷，使其蓬松。

02 将左右刘海区的头发分别打毛。

03 将后发区的头发均匀分成三等份，从上往下进行三股加二编发。

04 编到发尾，用皮筋固定。

05 将发辫向里打卷缠绕，然后用发卡固定。

06 将左侧刘海区的头发均匀分成三等份，从上往下编发并固定在后发区。

07 将右侧刘海区的头发也用同样的方法编发。

08 将刘海区的头发编完，用皮筋扎起。

09 将刘海区的两条发辫固定在后发区并整理整个发型。

10 佩戴精美的蝴蝶饰品。

11 佩戴流苏饰品，整体造型完成。

▎风格定位
① 古典　② 高贵　③ 成熟　④ 迷人

▎所用手法
① 手摆波纹　② 打毛　③ 两股绕发

▎造型重点
除了后发区精致有序的发髻，刘海区的手摆波纹也是这款发型的亮点。新娘的含蓄温婉在瞬间流转。

01 将所有头发用玉米须夹板烫蓬松并偏分，将顶发区的头发做打毛处理。

02 取左侧一缕发片，将其固定于后发区。

03 以同样的方法取右侧的发片，将其固定于后发区。

04 继续从右侧取发片，进行两股绕发并固定，不能扭得太紧。

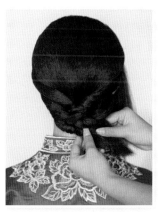

05 以同样的方法从左侧取发片，进行两股绕发并固定，不能扭得太紧。

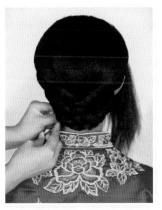

06 以同样的方法依次处理后发区的头发，收尾并固定，然后调整整个发型的弧度。

07 在刘海区取出两层头发，预留第二层头发，将最上层的头发摆出圆弧形并固定。

08 以同样的方法操作，预留第三层头发，将第二层头发盖过第一层发片并固定。

09 以同样的方法操作，预留第四层头发，将第三层头发盖过第一层头发并固定。

10 将最后一片头发拉扯成扁圆的形状，紧贴额头作为鬓角固定。

11 用啫喱膏把发片的边缘涂抹干净，再用小的定位夹固定，并喷上啫喱水。

12 用一条假发辫覆盖住下发卡的位置，增加发型的细节和层次。

BRIDE
HAIRSTYLE

▌风格定位
① 成熟　② 大气　③ 温柔　④ 甜美

▌所用手法
① 两股绕发　② 三加一编发

▌造型重点
富有金属光泽的蝴蝶头饰搭配金色流苏，让原本简洁端庄的发髻多了一丝灵动。

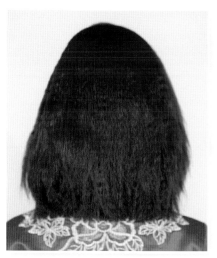

01 将所有头发用玉米须夹板烫蓬松并偏分。

02 将左侧刘海区的头发拧转后固定于后发区。

03 将右侧刘海区的头发拧转后固定于后发区。

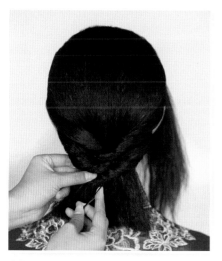

04 以两股绕发的手法处理后发区剩余的头发，使发型具有纹理感。

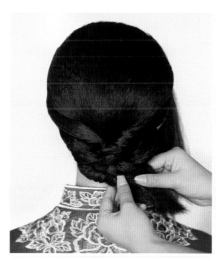

05 将后发区剩余的头发收尾。

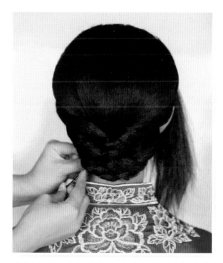

06 将发尾藏进发髻内侧，使发型底部干净圆润。

07 将右侧刘海区的头发进行三股加一编发。

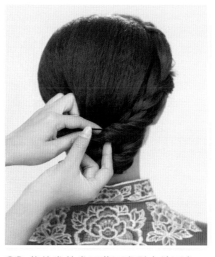

08 将编发的发尾藏于发髻中并固定。

09 佩戴饰品，造型完成。

▌风格定位

① 娴雅　② 温婉　③ 恬静

▌所用手法

两股绕发

▌造型重点

用两股绕发的手法可以做出发型的纹理感，刘海区的绕发处理让整个造型更显细腻。这是一款中式与西式均可使用的实用发型。

01 将所有头发用玉米须夹板烫蓬松，使其饱满。

02 将左侧的头发做两股绕发处理并固定。

03 将右侧的头发做两股绕发处理并固定。

04 将左侧剩余的头发做两股绕发处理并固定。

05 将右侧剩余的头发做两股绕发处理并固定。

06 将发尾用皮筋固定。

07 将固定后的发尾隐藏在发髻内侧。

08 从右侧刘海区中间取一部分头发，预留备用。

09 将右侧刘海区剩下的头发做两股绕发，在后发区固定。

10 将预留出来的头发做两股绕发。

11 将两股绕发固定于后发区，佩戴饰品，造型完成。

BRIDE
HAIRSTYLE

▌风格定位
① 娴雅　② 温婉　③ 简单

▌所用手法
① 卷发　② 收纹理　③ 打毛

▌造型重点
此款造型的重点是对纹理的处理，开始的烫发是关键。整个造型浑然一体，没有多余的部分，偏侧佩戴的绢花饰品又为新娘增添了一丝活力。

01 将所有头发用卷发棒整齐有序地烫好，注意不要打散弄乱。

02 将头发前后分区，注意不要弄乱前发区的头发的纹理。

03 从后发区顶部取一片头发，做打毛处理。

04 将打毛后的头发表面梳理干净，在后发区固定。

05 将后发区的头发按纹理收起并固定。

06 从前发区左侧取出一片头发，做打毛处理。

07 从前发区右侧取出一片头发，做打毛处理。

08 将打毛后的头发收于后发区。

09 将前发区的头发收好后固定，并整理出纹理感。

10 整理多余的头发，将发尾固定在发髻上，调整形状，佩戴饰品，造型完成。

BRIDE
HAIRSTYLE

▌风格定位
① 简单　② 温婉　③ 恬静

▌所用手法
① 三股加一编发　② 三股编发

▌造型重点
此款造型完全采用编发手法完成，具有清晰的纹理感。饰品要佩戴在发量偏少的一侧，这样整个造型才会协调。

01 将所有头发用玉米须夹板烫蓬松，使其看起来饱满。

02 将前发区的头发偏侧分区，将右侧的头发进行三股加一编发。

03 编到耳侧改编三股辫，编到发尾，用皮筋固定。

04 将左侧的头发进行三股加一编发。

05 编到耳侧改编三股辫，编到发尾，用皮筋固定。

06 将后发区的所有头发进行三股编发。

07 将头发编至发尾，用皮筋固定。

08 将发辫处理蓬松，将发尾向内折，藏在发髻内侧。

09 将右侧的发辫稍微拉松，并固定于前后发区的分界线处。

10 将左侧的发辫稍微拉松，并固定于前后发区的分界线处。依次佩戴饰品，造型完成。

▌风格定位
① 娴雅　② 温婉　③ 恬静

▌所用手法
① 三股加一编发　② 三股编发　③ 两股绕发

▌造型重点
此款新娘发型采用中分的形式，搭配别具一格的酒红色绢花，端庄复古中带有一丝时尚的韵味。

01 将所有头发用玉米须夹板烫蓬松，使其看起来饱满。

02 将头发梳理干净，做前后分区，再将前发区的头发中分。

03 将前发区左右两边的头发做三股加二编发处理，编到耳侧时改编三股辫，编完备用。

04 从顶发区分出一片头发，做打毛处理。

05 将打毛过的发片向后整理，将左侧的发辫固定在后发区中间位置。

06 将右侧的发辫固定在后发区中间位置，与左侧的发辫交叉。

07 将左侧耳后的头发做两股绕发。

08 将两股绕发固定在后发区右侧。

09 将右侧耳后的头发做两股绕发，向左侧固定。

10 将后发区剩余的头发依次做两股绕发。

11 将两股绕发固定在后发区的另一侧。

12 将所有的头发整理干净并固定，造型完成。

BRIDE
HAIRSTYLE

汉服造型

01 将所有头发梳理顺滑。

02 将梳理好的头发前后分区，将后发区的头发扎起。

03 将假发包固定在前后发区的分界线处。

04 将前发区的头发向后梳，包裹住假发包。

▌ 风格定位
① 古典　② 华丽　③ 喜庆

▌ 所用手法
① 包发　② 扎发　③ 假发运用

▌ 造型重点
汉代发型多运用后垂的形式，再搭配华丽的金属配饰，衬托出了古典美人出嫁时的喜悦氛围。

05 将前发区的发尾和后发区扎起的发束合并。

06 将假发束固定在顶发区后侧。

07 将假发束与后发区的真发用红丝带一起扎住中段，造型完成。

01 将所有头发梳理顺滑。

02 将梳理好的头发前后分区，将后发区的头发扎起。

03 将假发包固定在前后发区的分界线处。

04 将前发区的头发向后梳，包裹住假发包。

05 将前发区的发尾和后发区扎起的发束合并。

06 将假发束固定在顶发区后侧。

▌风格定位
① 古典　② 柔情　③ 雍容华贵

▌所用手法
① 包发　② 扎发　③ 假发运用

▌造型重点
此款造型以大气的金属花饰居中佩戴，将红色流苏发簪插在发饰两侧，将新娘衬托得贵气十足。

07 将假发束与后发区的真发用红丝带一起扎住中段。

08 将假发包固定在头顶，造型完成。

01 将所有头发梳理顺滑。

02 将梳理好的头发前后分区，将后发区的头发扎起。

03 将假发包固定在前后发区的分界线处。

04 将前发区的头发向后梳，包裹住假发包。

05 将前发区的发尾和后发区扎起的发束合并。

06 将假发束固定在顶发区后侧。

■ **风格定位**
① 古典　② 贤淑

■ **所用手法**
① 包发　② 扎发　③ 假发运用

■ **造型重点**
运用假发片遮盖部分额头，以红色的珠子搭配金色的金属饰品，让整个造型都灵动起来。

07 将假发束与后发区的真发用红丝带一起扎住中段。

08 将假发片固定在前额中间位置，造型完成。

01 将所有头发梳理顺滑。

02 用皮筋将发尾扎起。

03 将假发套包裹在真发上并固定。

04 将月牙形假发包固定在头顶。

05 取右侧一束头发待用。

06 用取出待用的头发缠绕头顶的假发包。

▌风格定位
① 古典　② 别致　③ 妩媚

▌所用手法
① 包发　② 绕发　③ 假发运用

▌造型重点
留出两束头发放置于胸前，以耀眼的大花朵和金色的蝴蝶饰品点缀，点燃了新娘那一抹若有若无的妩媚风情。

07 将发尾固定在头顶的假发包上。

08 用红丝带系住整个发束的中段，并留出两缕头发置于胸前，造型完成。

01 将所有头发梳理顺滑。

02 将头发分为前后两区，用皮筋扎起后发区的头发。

03 将假发包垫在后发区位置并固定。

04 从前发区中间取一缕头发，向后固定。

05 将发尾在后发区固定。

06 将前发区两侧头发的发尾固定于后发区的发束上。

▌风格定位
① 古典　② 柔情　③ 妩媚

▌所用手法
① 扭发　② 扎发　③ 假发运用

▌造型重点
别致的金色发冠佩戴于头顶，悬挂于两侧的星星点点的流苏美艳动人，让新娘显得端庄大气又不乏妩媚柔情。

07 将整片假发束覆盖在头顶并固定。

08 用红色丝带系住整个发束的中段，造型完成。

01 将头发前后分区，用皮筋扎起后发区的头发，并盘成花苞状。将前发区中分。

02 将月牙形假发包固定在前后发区的分界线处。

03 用前发区左侧的头发向后包裹假发包。

04 将包裹假发包的头发的发尾扭转并固定。

05 将前发区右侧的头发以同样的方式扭转并固定。

06 将假发束固定在后发区中间位置，用皮筋扎起。

■风格定位

① 古典　② 成熟　③ 妩媚

■所用手法

① 包发　② 扎发　③ 假发运用

■造型重点

圆弧形的假刘海容易营造出过于成熟的感觉，在刘海上点缀与头冠材质相同的珠饰，便使新娘在成熟的气质中多了一分灵动与妩媚。

07 在头顶位置固定一个假发包。

08 将假发片在额头位置固定出弧度，造型完成。

▌风格定位

① 古典　② 端庄

▌所用手法

① 包发　② 扎发　③ 假发运用

▌造型重点

此款造型采用中分刘海和后垂发束的形式，这也是汉代发型的特征。整个造型优雅端庄，金色的发饰又为新娘增添了华贵的气质。

01 将所有头发梳理顺滑。

02 将梳理好的头发分为前后两区。

03 用皮筋将后发区的头发扎起。

04 将假发包固定在前后发区的分界线处。

05 从前发区取一缕头发，向后包裹住假发包。

06 将一个假发包竖向固定在头顶中间。

07 将假发包后半部分固定。

08 将前发区两侧的发束分别绕过耳侧，固定在后发区的发包上。

09 将假发束覆盖在包裹着假发包的头发的后侧。

10 将后发区的发束用红丝带扎住中段，造型完成。

■ 风格定位

① 古典　② 端庄　③ 娴雅

■ 所用手法

① 包发　② 扎发　③ 编发　④ 假发运用

■ 造型重点

背面的编发绕发发髻将整个发型打造得一丝不苟，充分展现了汉朝女子端庄贤淑的大家闺秀风范。

01 将所有头发梳理顺滑。

02 将梳理好的头发分为前后两区，用皮筋将后发区的头发扎起。

03 将月牙形假发包固定在前后发区的分界线处。

04 用前发区的头发向后包裹假发包。

05 将前发区的发束和后发区扎起的发束合并。

06 将假发束固定在顶发区后侧。

07 将假发包竖向固定在头顶处。

08 将假发辫紧贴左右两侧的头发固定。

09 将后发区扎起的发束的发尾向内卷曲并固定。

10 将右侧的假发辫盘绕在发髻处并固定。

11 将左侧的假发辫盘绕在发髻处并固定。

▍风格定位

① 古典　② 端庄　③ 秀丽

▍所用手法

① 三股加二编发　② 扎发　③ 假发运用

▍造型重点

与华丽妩媚的造型不同，这款造型让新娘在端庄秀丽的外表下，流露出汉朝公主般独特的气质。

01 将所有头发烫卷并梳理顺滑。

02 分出刘海区中部的头发。

03 将刘海区中部的头发向后做三股加二编发。

04 将前发区左右两侧的头发分别做三股加二编发。

05 用皮筋扎起所有的头发。

06 将发尾向上卷曲，收于皮筋内侧。

07 将月牙形假发包固定在后发区上方。

08 在假发包上方固定假发束，遮盖整个后发区。

09 分别从左右两侧的耳后分出一缕头发，并将剩余的头发扎起。

10 将假发辫横向绕在顶发区，将发尾在后发区的发束下固定。

11 用仿真绢花装饰在两侧。

12 佩戴额饰，造型完成。

**风格定位**

① 古典　② 成熟　③ 妩媚

所用手法

① 包发　② 扎发　③ 假发运用

造型重点

运用假发包打造中分发型，使其显得饱满，给人以端庄大气的感觉。古代君王式的发冠则为妩媚的女子平添了几分硬朗英俊的感觉。

01 将所有头发前后分区，将前发区的头发中分，将后发区的头发扎起。

02 将扎起的头发向内卷曲，呈花苞状固定。

03 将月牙形假发包固定在前后发区的分界线处。

04 将前发区左侧的头发向后梳理，包裹假发包。

05 将包裹假发包的发尾扭转并固定。

06 右侧以同样的方式处理。

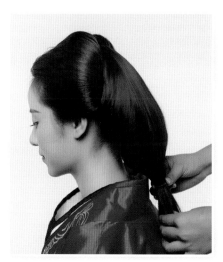

07 将假发束固定在后发区中间位置并用皮筋扎起。

08 将假发包竖向固定于头顶位置，使其一侧悬空。

09 将头饰贴于假发包上，造型完成。